我看职场

黄若 著

中国劳动社会保障出版社

图书在版编目（CIP）数据

我看职场 / 黄若著. -- 北京：中国劳动社会保障出版社, 2021
ISBN 978-7-5167-5064-3

Ⅰ. ①我⋯ Ⅱ. ①黄⋯ Ⅲ. ①成功心理–通俗读物 Ⅳ. ①B848.4–49

中国版本图书馆CIP数据核字(2021)第195198号

中国劳动社会保障出版社出版发行

（北京市惠新东街1号 邮政编码：100029）

*

北京市艺辉印刷有限公司印刷装订 新华书店经销

787毫米×1092毫米 16开本 14.25印张 184千字

2021年10月第1版 2021年10月第1次印刷

定价：58.00元

读者服务部电话：（010）64929211/84209101/64921644

营销中心电话：（010）64962347

出版社网址：http://www.class.com.cn

谨以此书献给克克、若然、兰迪，以及千千万万在职场中打拼的同仁：

以信为本，冲浪职场！

序

Welcome on Board

欢迎来到职场茶室

各位职场朋友，这本书，我想和大家聊聊职场，不是以那种说教或者心灵鸡汤的腔调。

同窗如友相别于校园门口，几年后，有人发达、有人沉沦；相邻而坐的同事朝夕相处，却浑然不知对方很反感自己的气味；新来的总监颐指气使，传说他和老板是本家亲戚……职场上风云变幻、升降聚散，就是由这样一幕幕的片段汇集而成，每个职场人都是剧中的角色，各自诠释着自己的才华与扮相。

想象一下：你我一同置身于一间茶室，围炉而坐，面前是一壶刚刚泡的热茶，窗外景色很安宁，我们谈天说地，讲述职场曾经发生的一些事，分享各自经历中的感悟。

分享，是这本书的主旋律。本书的不同章节、段落，以一个个小主题呈现，与读者一起讨论人们每天在职场中发生的那些事。为什么有人受挫、有人成就、有人哭泣、有人欢快？都说前人的足迹是后人最好的教材，我们能从这些深浅不一、结局各异的足迹里领悟到哪些内容？

信息时代的快速发展，职场人日复一日疲于奔命，时时刻刻都面临危机。上班怕迟到、下班总晚点是工作常态，更多的时候是应对不同的业绩指标、写总也写不完的报告、看总也看不完的邮件、开总也开不完的会议……有人感叹：这是一个搏命的年代，可是哪一代人不是如此？当我们感到困惑时，不妨停下脚步，想一想：自己更在意什么？又应当用怎样的方式来实现自我价值？

大学毕业时的场景还历历在目，现如今我却已走过四十个春秋。记得毕业时，几位同学一起到照相馆合影留念，那时候，冲印照片时大多要在上面写一行字。照相馆师傅问我写什么？我脱口而出：“相约再见夕阳时。”师傅笑了一笑，说我年少不知愁滋味，更不懂时光如白驹过隙。如今正如老师傅当年所言，毕业时年轻的同窗们相互道别，各自登上职场这趟长途列车，这一程就走出了四十载光阴。

“赶紧生活 ”四个字概括了我近四十年职场生涯，恍惚中青葱时代就在眼前，不知不觉间已韶华不再。时光依旧，初心不改，抓住当下属于你的每个机会、每寸光阴，让自己的职场旅途更为宽广、充实、精彩，更富有成就感，才是职场人对自己的一份生命礼赞。

愿以此书与所有职场人共勉！

衷心感谢策划编辑 Joy 以及出版社的几位同事，各位年轻的优秀编辑们不辞辛劳，为这本书的顺利出版贡献良多。

黄若

2021 年 9 月

目 录

第一篇 职场就是竞技场

第二篇 升职其实不困难

第三篇

面试向来有技巧

第四篇

人际可以很简单

3006
Roger

第一篇

职场就是竞技场

时代舞台：从拼体力转向拼智力的竞赛

VS

» 职场是人生的一场马拉松

严格意义上讲，职场这个词在中国是一个新词。

如今还在职场上奋斗着的人们，不论是我这种 60 年代出生的人，还是刚刚走出校门的“95 后”，甚至更年轻的“00 后”，某种意义上都算是中国职场“第一代人”。

为什么这么说？

以前的人们都曾经捧过“铁饭碗”。在我大学毕业的时候，国家实行的是毕业分配制度，走出大学校门的毕业生会被分配一份工作，中途如果没有发生特殊情况，那这份工作就是他 / 她的终身职业，可以干到退休，所以人们对现代意义上的职场概念是模糊的。因为那个时候，自由择业还不是一个普遍现象。无论是进入机关、企业或研究所，人们与单位的雇佣关系是一生不变的，哪怕中途有变也大多是内部转岗。

20 世纪 80 年代改革开放以后，出现了一个新名词，叫作“下海”。所谓的“下海”就是放弃原有的这种“铁饭碗”，去经商、创业，寻找适合自己的职业。伴随着外资和民营企业的进入和兴起，现代意义上的职场概念被催生，也因此有了职场人、白领、招聘专员和面试官这些新名词。记得 20 世纪 90 年代刚产生“猎头”这个词的时候，不少公司的老板还曾闹过这样的笑话：猎头？在中国拥有枪支可是犯法的！

我本人算是中国现代职场的第一代弄潮儿，从 20 世纪 80 年代至今走过了将近 40 年的职场生涯。我毕业时，政府统一分配工作，那时候大学生被归类为干部，只要毕业后在北京市工作，不管你是什么学校、哪个专业、从事什么岗位，本科生一律月薪 63 元。后来，我脱离体制内，先后进入外企、民营企业、私人企业；从传统企业，跳到互联网大厂；从一名最基层的部门助理，做到世界五百强高管、上市公司首席运营官，再到一名专业投资人，最后自己创业……这些年来，我身上最鲜明的一个标签，就是职场。我既管理过

MARATHON START
6756
7495
6189

规模有 6 万多人的大型企业，也操心过规模只有 50 人的公司的招聘问题。用现在时髦的话说，我算得上是一位“职场老司机”。

对于近些年刚刚进入职场的“90 后”甚至“00 后”新人来说，他们所面临的挑战远甚于 40 年前我们刚刚步入职场那会儿的挑战。那时候，我们在职场两眼一抹黑，对职场人做事的规则、管理的方法基本不懂，但我们敢于去尝试，也不怕犯错，相互之间不会“以五十步笑百步”。现在不同了，“90 后”的职场新人虽然年轻，却置身于“60 后”当年一样的生态圈。“80 后”“90 后”是不容易的一代，他们赶上了互联网与人工智能高速发展的时代，社会发展的日新月异，让“90 后”新人在职场中与“60 后”同样要面对各种新鲜问题，迎接未知的挑战。如今的“90 后”与“00 后”职场新人，不仅要适应已形成的职场规则，还得处处小心、谨防踩雷。

由此看来，“60 后”和“90 后”之间的差别，除了皱纹的深浅、发际线的高低、经验的多寡之外，彼此都可以称得上是拼搏在职场的“第一代人”。

改革开放以来，第一批进入职场的“60 后”大多还在职场上，等到再过 5~8 年，最先入行的第一代职场人陆续退休之后，才可能产生真正意义上的中国第二代职场人。

“第一代人”职场生涯的个中冷暖，只有自己清楚。那么此时，若有一位谙熟于职场实操技能的过来人总结一下经验教训，或将会对迷茫的新人有所帮助。

职场生活，对于我们这代人来说，占据了几十年生命历程中过半的时光，我们每天除去吃饭、睡觉的时间，绝大多数的时间都是在职场度过的，办公室承载着我们每个人的理想，还有我们每日的柴米油盐。在一座办公楼、一处写字间、一个相对密闭的空间里，人与人之间产生交集，由此演绎出很多职场故事。这里有升迁的阶梯，有情感的交叉，也有辞退的泪水。每个人在职场这个空间里，都希望获得职位的晋升、拿到更好的薪水、展现更充分的个人才华；然而，也必然要懂得各种人情世故、上下级的沟通技巧、得体的穿衣打扮、职场的行事规则。

了解职场生涯的方方面面、优化自己的职场形象、使自己在职场这片空间里能够有更加优秀的表现，是每个职场人努力的方向。职场中有哪些机会我们应当把握？有哪些信号我们需要警醒？有哪些弯路我们可以回避？还有哪些失败我们需要坦然面对？

我经历过太多次的提拔、升迁，也承受过挫折与困惑；我曾主持并经历过一周之内裁员 2 万人的职场突发事件，也签发过半年之内 3 次提拔一个人的函；我见过仅仅因为一两个不经意的失误而丢掉录用机会的应聘者，也了解新人受到上司无端指责时的茫然与不知所措；我还曾多次目睹许多怀才不遇的职场人士深受委屈，屡屡受到不公平的待遇……这些都是职场这片广阔的大舞台上每日上演的悲喜剧。

因为我们是中国职场的第一代人，我们几乎无法从父辈那里获得太多有关职场方面的指点。我们的上一代人，至少是“60 后”“70 后”“80 后”的上一代人，他们对职场基本不了解。指望学校传授职场经验也不现实，因为老师们虽乐于教导，但他们同样大多未曾经历职场，他们虽可以传授知识，却无法告诉我们应对职场的实操体会。市面上有关职场辅导和人才进阶的出版物确实有许多，但很少是亲历者的个人分享，说教有余、实用不足。

我有三个孩子，都已健康长大成人。随着他们相继大学毕业、走向职场，我下意识感到应把自己 30 多年来各阶段的工作笔记整理一下，这个过程中我发现还是积累了不少自己亲身经历的故事，这些点点滴滴，更是过来人的真实体会。花点时间把这些笔记汇总成册，或许能帮助到更多的年轻人，至少可给大家分享一位职场过来人的体会和经验。

如果把职场比喻为一趟长途行驶的高速火车，那么无数人聚集在一节一节的车厢里，随着火车的动能向前行进，中途不时有人上车或下车。我们都是这趟长途列车上的乘客，我们都要经历这一趟历时几十年的火车旅行，那为什么不让自己的行程变得更精彩一些？

旅途中，你最要好的朋友中途下车，你不得不和他握手相别于火车站台；

你碰上了一个自己很不喜欢而又不得不和他并肩而坐的同行人；

你在旅途前半程精心编织了一条温暖的围巾，猛然间，它被一阵突如其来的狂风吹出车窗外，你所有心血瞬间消失……

这些都是经历，而我们每个人又能从这些经历中获得什么呢？

我们都在不同时间，从不同的站点登上这趟职场列车，列车以它固有的节奏向前奔驰，驶过一站便不会再返回。我们每个人所能做的，就是努力让自己的旅程多些精彩、愉快和收获。

» 晋级密码：1% 的思维

职场好像是一座金字塔，每一位走进这座塔的人，几乎无一例外都是从底部开始，一步一步往上走，也大都希望最后能够爬到金字塔的塔尖。那里有更绚丽的风光，有一览众生的豪迈，更有一种夙愿达成的满足。这几乎是所有职场人士共同的追求，就像广泛流传的那句话：不想当元帅的士兵不是好士兵。

可是事与愿违，能最终到达顶端的人总是极少数，很多时候，我们经常听到未能如愿登顶的人说："运气实在不好！""我受到了不公平的对待！"

以我的观察，有三种职场态度，基本上可以决定一个人在职场将来处于什么位置。

我把这三种态度概括为：造故事，讲故事，听故事。

你应该很熟悉这样的场景：以前一群人聚在一起聊天，大多是在马路边抽烟、在餐馆里喝酒，而现在更多的人是在各种自媒体上发文章、上传视频。总是有人津津乐道于各种发生在职场的故事和传闻，例如：马化腾怎么在春节上班的第一天发红包？刘强东的办公室到底长什么样子？张一鸣如何从一个产品经理逆袭为一年融资几十亿元的互联网大佬？等等。

接下来，有更多的人喜欢听这些故事，他们就像听段子一般觉得很有趣，并对此津津乐道，这比起大晚上加班干活、趴在书桌前啃工具书精彩多了。跟帖子、刷评论、点赞、转发……瞬间，网络变得热闹了。这些人很喜欢躺在床上盯着手机屏幕刷各种八卦新闻，就这样过了一个又一个非常"充实"的夜晚。

只有极少数的人，也是一些很有个性的人，他们每天的行为是反常人之道而行的。他们不喜欢讲什么故事，更没有兴趣听故事，他们只做一件事情：创造故事。他们把自己每天所做的每件事情，都当成一份创作，那种状态就像画家手握画笔、面对一个支好架子的画框，或像作曲家心无旁骛地端坐于钢琴前。他们知道，每一次尝试或者构思，都是一个全新的创造，都是一次突破的机会，都是一个攀登的脚印。这些致力于创造故事的人，完全没有兴趣去听故事，更没有精力去四处传播故事。对于他们来说，最牵肠挂肚的不是哪位明星有外遇，或者头条的热点是什么，而是眼前被堵塞的思路如何能够打开。

由于工作关系，这些年我认识了许多大型公司的创始人和 CEO，以及各种中小型创业企业的老板，我总结了一下，这些成功人士几乎都不是热衷于讲故事或者听故事的人，他们共同的特点就是：专注、投入，一旦决定好发展方向，就全力以赴，满脑子琢磨的都是怎么把这件事做成。他们可以专注到废寝忘食的程度。这种做事的态度与精神，与乐于靠传播故事而获得存在感的行为，是两种不同的境界。

有一次我和公司合伙人乘高铁从山东回北京，买的是商务车厢的票。对我来说，选择票价较高的商务车厢只有一个目的——安静，可以在途中更好地休息或者看书。列车开动以后，这节车厢一共只有四位乘客。没想到，坐在我后排的一位乘客，列车刚一启动就打起电话，声音又比较大："喂，我今天去北京，下午要见 XX 公司的 XXX，你不知道他是多么厉害，北京奥运那个什么什么项目就是他的，他还在天津有个投资，要准备做一个新项目，启动资金至少有 10 亿元，他请我过去帮他参谋一下……"好容易电话打完了，接下来又打一个电话："喂，兄弟，今晚有空吗？我请你去 XX 高尔夫球场！对，就是机场边上那个，你没去过啊？那必须去见识见识，他们餐厅的烤羊腿特别正宗，老板姓夏，富豪榜的夏总，豪车就有五六辆，正准备买私人飞机呢！……"看样子，我们碰上了一个讲故事的人，可惜我不是一个喜欢听故事的人。忍了 15 分钟，实在难以再忍下去了，我和合伙人相视一笑，拿起随身包逃出商务车厢，到前面的一等车厢找了两个空位子坐下。

你不妨回忆一下，自己是否在公共场合有过类似的经历？在你的同事圈、朋友圈、同学圈里，是不是存在我刚才所描述的这三种人？而他们又都具有什么样的特质呢？

大致上讲，创造故事的人是最有机会跻身金字塔塔尖的；传播故事的人通常广受欢迎，而且有较好的人缘，金字塔中间层级是他们的汇集地；而乐于听故事的人，基本处于职场金字塔的底部。

所以，一个人的行为，决定了他将来在职场金字塔的归属和层级。顶部层级的人创造故事，中间层级的人讲述故事，基础层级的人听故事。

当然，听故事本身也是很有趣味的，因为轻松、不累，无须早起晚睡。并不是所有的人都应该去创造故事，毕竟那是个异常艰苦的选择，风险极大，而且没有成功保障。一旦失败，很可能前功尽弃。

不管喜欢与否，也不论世俗标准如何界定与评判，就客观事实而言，有一个几乎不变的定律：任何社会的职场，大致都是由 1% 和 99% 构成的。

1% 的人决定自己的命运，99% 的人命运被别人主宰和决定；

1% 的人知道自己要什么，99% 的人随着热点走；

1% 的人行走于自己计划的轨道上，99% 的人跟着人群的方向走。

几乎所有人都会说："我当然要成为那 1% 的人啊！我需要掌握自己的职场命运。"

一个人的行为和举止决定他的结局，而不是相反。

说一个我自己的经历。几十年前我刚刚进入职场的时候，在超市零售门店工作。这个行业的一线人员每天上班时间长，所干的都是些很苦的活，如搬货、上架、盘点、纸箱整理，同龄伙伴们大多在下了班后喜欢去酒吧消遣、解乏，每周至少要去 2~3 次。我呢，用这个时间报名去职业技能夜校培训，每周一到周五的 5 个晚上下班后直接从门店去学校，周末再赶着完成作业。当时我对自己说：我立志 5 年不去酒吧，为的就是以后可以随时去酒吧。

等到我可以随意出入各式酒吧的时候，那些曾流连于酒吧的伙伴们，如今大多面临下岗和找工作的窘境。

这就是 1% 的思维和 99% 的习惯，它们的差别，5 年、10 年后才可见。

当一个人养成 1% 的思维习惯和做事风格的时候，他和处于同一个起跑线的伙伴们相比，区别在于给自己安装了一对提速的风火轮。

所以，不要在多干活的时候觉得吃亏，历练的财富属于自己，十次默默无闻，总有一次被记住；

不要把时间花在成功人士的花边新闻上，哪怕那是再精彩的人生，都跟你无关；

不要忽视任何一个小细节，每做一件事都是积累，被人赏识是个额外奖励，即便不为人知，你也多获得了一份知识或者技能。

我刚参加工作不久时，遇到了一位超市店长，后来我们成了好朋友。那时候我做的是超市补货这种低端工种，每天晚上 8:00—12:00 上班，一晚工作 4 个小时，公司支付 4 个小时的薪水。这份夜班补货工作是 3 个人的工作量，包括工头、我和另外一人是一个工作组。有阵子，另外那个人走了，只剩下工头和我，2 个人要干 3 个人的活，每分钟都像打仗一般，连中途上厕所的时间都没有。再后来，好像工头家里有事，连续一个多月，基本上每天晚上 11:00 左右他就先回家了，剩下我一个人干活。我没有退路了，3 个人的活再辛苦也得我一个人干完，不然货物无法补充，将影响第二天超市开门营业。我竭尽全力，每晚大汗淋漓来回小跑着忙乎，最快也得干到差不多凌晨 1:30 左右才能结束，也就是说，我每晚多干了一个半小时。那时候我们店里没有打卡制度，我就这样工作了将近两个月，也没什么意外发生，直到有一天，被超市大老板发现了。

大老板就是我们的店长，包括工头、主管、经理在内的全店 200 多位员工，都归他一个人管理。我至今都不知道他那天为什么突然间在凌晨 1:00 的时候回到店里，可能临时有什么事吧。总之当他看到只剩下我一个人干活时，他留下来和我一起把那天剩下的活做完了。几天后，由他推荐，我转岗成为实习经理，迈出走向管理阶层的第一级台阶。

» 入职训练：卖出一件商品，要来一杯咖啡

大杨是我的大学同学，前些年他自己创办了一家企业，专门从事宠物商品的零售，包括各种宠物食品、用品。我知道他的生意做得很红火。

大杨的公司现在有一千多位员工，大多是一线的销售人员，包括地面渠道的分销商、零售店的店员，还有电商网站的运营人员。据他介绍，每年公司大概有三四百位新人入职，大多是刚刚走出校门的毕业生。

那天我去他公司拜访，正好碰上公司新员工入职。我就借着这个机会，旁听了一下他们的新员工入职培训。无意中，发现他们培训新人的内容很有趣，深深地吸引了我。

只见在一间坐得满满的会议室里，大杨用十分钟时间介绍了公司的发展概况。接下来，他话题一转，说道："各位今天的培训内容只有一项。你们一会儿要走出这个办公楼，到外面去，想方设法卖出一件我们公司的产品，或者要回来一杯咖啡。公司的产品在隔壁的陈列室里，各式各样的商品大家可以自由挑选，找一款自己觉得比较适合的卖出去。这个训练（或者叫测试）的内容很简单，你需要把挑好的这件商品，以不低于上面零售标价 1/2 的价格销售出去。如果实在无法将这件商品卖出去，那么作为备选方案，你们可以想办法在不花钱的前提下要回来一杯咖啡。这个实验的最基本要求，就是大家必须自觉，不可以作弊，两个人为一组。不可以自己掏钱把这个商品买下来，也不可以花钱悄悄买一杯咖啡回来交差。任务没有完成固然不好，但造假是公司不能接受的红线。"

听完大杨布置的任务，我似乎有点明白这个设计的初衷了，但是还想刨根问底。回到大杨的办公室，当我们一对一坐下来聊天的时候，我问他："怎么想到这一招了？"大杨说："其实也不是我的原创，我有一天偶然读到一个国外同行分享的方法，觉得是一个好的点子，就用上了。这个方法在他们公司已经实行了两年，主要针对的都是年轻的一线销售员工。它的好处有两点。

一是帮助许多新人解决害羞、不好意思张口向陌生人卖东西的心理。对于许多刚刚进入职场从事销售行业的年轻人来说，他们不太敢和陌生人打交道，更不敢向陌生人推销商品。如果这一关过不去的话，是无法成为一名优秀的销售人员的。二是可以看出不同人的特长和做事的方法，你会发现每个人都有各自不同的销售点子或者销售技巧：面试时内向的人，恰恰有本事一下子就把东西卖出去；面试时听上去夸夸其谈的人，经常大半天还找不到一个潜在客人。每个人回来都要把外出实习销售的过程如实地写下来，我们会逐一细读这份报告，进而为其匹配更为合适的工作。例如，有人适合直接面对公司的分销商，而有些人可能做线上运营更为合适一些。”

他的这个新人入职设计，的确让我深受启发。仅仅就克服与陌生人打交道的心理障碍、敢于大声地把自己所要介绍的商品推荐给用户这一点，就是大多数运营、市场等岗位需要的基础能力，但无数的职场新人往往要花很长一段时间才能过得了这一关。当投递的简历申请被回绝、面试没有被录用、工作中一个做了好久的项目方案被上司否定时，新人们往往容易一蹶不振，半天缓不过神来。事实上，被拒绝恰恰是职场成功的一个必然台阶，心理强大的销售人员，都具有百折不挠的毅力。对于他们来说，被拒绝只是最终把东西卖出去这个最终目标的一个必经过程而已。

我接着问大杨：“同样的商品，对待不同的用户，方法肯定是不一样的。你做的是宠物食品和宠物用品，你让新员工去找陌生人，如果对方根本不养宠物，怎么卖呢？”

大杨解释道：“其实这也是这个实践设计的一个精彩之处。一名优秀的销售人员，首先要善于在陌生的人群里快速捕捉你的潜在客户。对象选错了，再多的努力都是白搭。我们公司那些有经验的销售人员，随便让他站在一个购物中心广场或公共地铁站出口处，都能够快速辨别出人群里的哪些人像是养宠物的，当然这个初始判断不会 100% 完全准确，但七八成总是正确的。多年收养宠物的人群与其他人群相比，还是有一些特征的。发现这些特征需要多年的职业经验积累，而对于一名新员工来说，可能不太容易。”

“接下来，就是用什么样的方法让一位陌生人在短时间内能够买你的一件商品，哪怕是一袋猫粮、一条遛狗的伸缩绳。是与对方建立信任呢？是说出能打动人的商品卖点呢？还是打感情牌获得客户的同情？如果实在卖不出去东西了，那至少还有机会去说服别人送给你一杯咖啡。如果用半天时间，在识别潜在用户、销售商品、讨要一杯咖啡这三个环节无一斩获的话，至少证明你距离一名优秀的销售人员还有很大差距。”

我佩服老同学的这份设计，特别是其中的道理。很多职场新人面对的，其实就是如何突破自我、超越自我。任何人走出自己的舒适地带总是忐忑不安的，但如果一直在舒适区待着，最终将难免会被淘汰。从另一个角度说，企业创新式地采用一种具有实战意义的入职培训方法，比把一堆人关在屋里高谈阔论几天更为有效。

» 禁飞：高管不乘同一架飞机

35 岁那年，我第一次成为在华某跨国公司的高管。跨国公司的业务基本上是以国别或者区域为单位的，例如，日本区、欧洲区、美洲区。因为跨国公司的业务分散在不同国家，每年通常都由总部安排年度业务会议，这样的会议或者集中召开，或者以每个国家为单位分别向总部报告。为了出席总部的年度会议，公司分散在各个国家的高管都需要在某个时间集中返回总部。我当时服务的是一家德国公司，总部位于德国北部城市杜塞尔多夫。每年 3 月的第一周，各大区的核心高管需要回总部参加年度会议，这样的惯例已经施行了很多年。

我那时候还很年轻，作为新晋升的高管，记得第一次准备到总部参加年度会议前，我做足了功课。让我始料未及的是，当行政部门的同事帮忙订票的时候，问我："您可以预订两个航班，请问您选择哪一班次？"我也没多想，直接回答说："我都可以，和大家一起走就是了。"

同事摇头提醒说："不是的，你们几位需要岔开订机票，不能乘同一航班飞机。所以，您可以在这两趟航班中挑选一个。"

为什么？我一下子没搞明白，才五六个人在同一航班，应该不存在座位不足的问题啊？细细问过后我才知道，这是公司的规定，而且不仅是这家德国公司，许多跨国公司都有类似的规定或者习惯，即如果全体核心高管出门，除非万不得已，否则不宜乘坐同一架飞机。

这里面的原因，一想就明白了——规避风险。万一航班发生意外，全体核心人员出事，那就是巨大损失。当然，地球离开了谁都照样运转，但公司总是得有人运营，高管们分两架飞机乘坐，最坏的结局也不至于全军覆没。在美国有过几次类似的事故，即某公司高管出差，由于小型飞机失事，所有核心人员都在同一架飞机上，导致该公司一段时间内的运作出现极度混乱。

几年前，我在香港地区会面一家美国大型零售公司的高管，该公司的董事长、CEO、COO、CFO 等一行共 10 人分别乘了两架商务包机过来。我觉得有点太浪费，而对方解释说，公司现在市值几百亿美元，这10个人对公司正常运作产生的价值，至少相当于公司市值的1/10，多支付一架飞机的租金划算，还是让几十亿美元暴露十多个小时划算？据国际商务旅行公司协会对亚太、北美、欧洲和中东的百余家大公司的调查显示，超过90%的公司限制总经理以上级别的高管乘坐同一航班。国内一些身价百亿的大老板们出门喜欢带上公司总裁、财务总监，理由是“飞机上好几个小时可以商量事情”。如果一家国内的公司推出上述的限制规定，一定会被骂死，认为这好像在诅咒人。事实上，从风险防范的角度衡量，既然存在风险，既然客观上有规避风险或者减少风险的手段，为什么不加以运用？不愿意正视可能的风险反倒是一种心理脆弱的体现，从某种意义上讲，这有点类似购买航空保险，虽然航班出事概率很小，也没有人强迫购买，但购买了心里会多一份安然。

当然，这样做的麻烦也是有的，如搭乘两个航班，时间上早到的人就有些闲。但是为了避免更大的风险，也只能如此了。我们都觉得德国人很注重效率，但是在事关安全的考量面前，效率显然退居次席。

这样的出行理念随之影响了我，当我有了孩子以后，我跟太太有个约定，即在孩子18岁之前，只要我们两个人单独外出而没有与孩子一同出行的话，原则上我们不乘坐同一架飞机。哪怕在时间安排上费些周折，但能图个心安。好容易等到最小的孩子满18周岁，我们才终于可以同乘一架飞机、相邻而坐了。

说到购买保险，我发现，在国内职场的同行们，几乎很少有人购买自己或者家人的人身保险。相比之下，几乎每位车主都会购买汽车保险。我这里说的是自愿加入的免责保险，而不是强制性的第三方交通险。车是有价值的宝贝，给车买一份保险防止意外，这个开销自然没有异议。我不理解的是，为什么能想到掏钱给车买保险，却不考虑给自己和家人买一份人身保险？何况从市场报价来看，对于一位普通职场人士来说，每年其承担的人身保险的保费通常低于一辆汽车的保险费用。我不认为那些没有买保险的人会忽视自己生命的价值，也不认为其消费能力不足，说到底还是观念的问题。

作为一位职场人士，你乐意接受公司为了保险起见被安排与同事分开乘机，或者主动和家人买不同班次的机票吗？

» 大老板们为什么不喜欢PPT？

十几年前，有一次我受亚马逊公司邀请，前往位于美国西雅图的亚马逊总部，见到了创始人贝索斯和亚马逊团队的几位高级主管（包括负责国际业务的副总裁、CFO、负责采购业务的副总裁）。大家主要是就电子商务行业，尤其是对于中国电子商务发展动态交流意见。我对一个问题比较好奇，于是就在与接待方共进晚餐的时候抛了出来。

“传说亚马逊在公司内部沟通的时候不让用PPT，通常都只用Word文档，确有其事吗？”

“是的。”对方给我的回答很肯定，也很简单。我觉得这个回复非常切中要害。因为在他们看来，不管什么人在公司内部做沟通交流，哪怕是一个新的想法、新的创意，只需要最多一张A4纸的正反面，就可以把思路阐述清楚。如果两面纸的篇幅还不能把事情说完，至少说明这个报告人的思路还不是那么清晰，原则上不具备实施的基础条件。至于不用PPT的原因，对方说，是为了不浪费时间。

由此我想到，20多年前，当我做线下实体零售业务时，有一次被德国的麦德龙公司邀请加入，从面试流程上，我要飞到德国的麦德龙总部，由公司的CEO做一个面试。他的面试安排让我印象非常深刻，到现在我还记得一清二楚。双方见面握手之后，他递给我一张A4纸打印的报表，这是一张位于总部楼下分店的销售报表，上面列出了这家门店前一日的销售构成、来访客人、库存、退款笔数、毛利润等，然后他很客气地说：“黄先生，我这边有点事情，得去处理一下，大约需要十多分钟，麻烦你先看一下这个报表，回头我们再聊。”

说完他就离开了，留下我一个人坐在他的办公室里。我把这个报表细细看了几遍。十多分钟后，CEO回来了，说：“好，那麻烦你和我聊聊，对这张报表你有什么看法？有什么问题要和我沟通吗？”

瞧，出门办事只是个借口，他其实是想通过这张报表，以及这上面列出的数字，测试我能说出什么门道。既然我是干这个行业的，是一位有经验的零售管理者，那么对这报表上面汇总的销售数据、客流情况、客单价、商品库存等信息，当然会有一些判断。

这正是一位大型跨国公司大佬面试新人的厉害之处。在我的经历里，我有过几次面对五百强公司的老板或者掌门人一对一面试的经历，这些人从不浪费时间听我介绍过去的履历、文凭，更不注重简历的格式。他们交谈的形式和切入点虽各有千秋，但几乎都是闲谈式的，短则30分钟，最长的持续整整一天，貌似海阔天空扯闲的背后，考察的是我的行业知识、判断力、商业价值观和管理的应变能力。

回到PPT这个话题，现在有不少企业，每次在准备工作总结或项目报告的时候，总喜欢花大量的精力去制作精美炫目的PPT，这样的演示或许吸引眼球，但对于公司的内部交流，这是毫无必要的。就像舞蹈演员在舞台表演的时候，穿的都是华丽的演出服；但他们每天训练，穿的一定都是普通布衫。在公司内部沟通时，大家要看的是你端出来的这份菜有什么特色、是否好吃，而不会太在意你用的是多么漂亮的模板。特别是当你难得有机会向公司老板做汇报的时候，更需要把注意力放在你所要阐述的创意或者重点内容方面。这恰恰是很多职场新人容易犯的错误：总觉得好不容易有一次向老板露脸的机会，应该把演示文稿做得越绚丽越好，殊不知这样往往适得其反。首先，这些老板们见得多了，特别是大公司的总裁和CEO，什么样的演示文稿他们都见过。能把PPT做得非常吸引人的制作者，通常是那些找上门来寻求合作的乙方，例如投行、广告营销公司、品牌推广中介等，他们需要把PPT做得很漂亮，就像上门拜访得穿着得体一样，用来增加印象分。而如果仅是用于企业内部交流，PPT做得过分华丽，反倒容易给别人留下做事华而不实的印象。大家都知道，要做一份好的PPT，从排版到字体格式都要耗费许多工夫，有时候还要插进几个动画。制作一份PPT，仅仅设计格式或许就要花上几天时间，而如果能用一张 A4 纸把洋洋洒洒 20 张的所有内容说清楚，那才是能够说服领导、打动同事的地方。从这点上讲，亚马逊内部交流的原则值得借鉴：如果用一张纸无法清楚表述你的创意或者想法的话，说明还没有厘清重点，你需要先打磨好自己的思路，再来占用别人的时间。我这些年先后以业务负责人的身份服务过 5 位老板，这 5 位老板没有一个人在意你汇报工作时是否用了 PPT。你的价值在于把工作成绩做出来，而那些“穿衣戴帽”的事，或许一个实习生都能干得比你好。

坊间有一个说法，是说很多早期的融资项目，只要做出一堆很漂亮的 PPT，就可以走出门去找融资，所以行业里面有一句半开玩笑的话，叫作“所谓的 PPT，就是骗骗你”。

你所要表述的东西，即使包装不行，但可以弥补。相反，没有内容、只有华丽包装的作品，不仅会浪费别人的时间，更会让你丢分。至少对于职场而言，此话不虚，与其花费大量精力打磨一个漂亮的 PPT，不如把内容做得更充实些。

亚马逊除了有内部禁用 PPT 的传统外，这家公司早期还有另一个职场好习惯，叫作“一张比萨饼”讨论原则，意思是当你要召集同事开会讨论新的创意或者设想的时候，原则上开会人数会参照一份参会的人都够吃的比萨饼的大小。稍一计算就明白，这是 5~6 个人的规模，因为人数若超过这个范围，讨论效率就大大降低了。

» 善用千字符

在多年的工作中，每天我都要阅读大量的报表，包括各种销售数字、用户数据、库存金额、资金存量等。我特别留意到一点，即员工提交报表的时候，除非他原来有外资企业的工作经历，或者他曾经留过学，否则在提交数字报表的时候，通常不会用千字符。千字符就是阿拉伯数字中每三位数前标的一个间隔符。

这可能跟我们从小的学习习惯有关。

中国人对数字的表述从个位数开始，个、十、百、千、万,四位一个进阶；而西方人的习惯是三位一个进阶，即千、百万、十亿，西方人不会说15万，而习惯说“一百五十千”。

习惯本身没有什么，不同的表述只要大家习惯就好。我们惯用的表述方式从来不是问题，我这里想说明的是，当把一串文字书面化表达的时候，如果阅读者是西方人，那么在数字报表上加上千字符，也就是逢三个数字加一个间隔点，会让阅读者读起数字来方便许多。

你不信吗？看以下这个数字：

348509234

如果写成348,509,234，识别起来是不是容易得多？

有些人习惯于以“万”作为计算和统计单位，那也没有问题，上面的这组数字同样可以表述为：34,850万，但对于读数据的人来说，加上这样的千字符号是不是更容易断数？

我经常接触多位数的大数值，对于那些由12位或15位数组成，中间不加以断开的数字，我总是一头雾水。是几十亿？还是几千万？报表罗列的数字很多，每串数字中间如果没有断开，阅读的人就很难识别。

可别小看这个小小的断开，一个小动作可以帮助读数据的人更快掌握数据的基本信息。例如，在以往工作中，每月我都要读取财务提供的销售及费用报表，里面的各种费用加在一起至少有几十项。以我当时的管理规模，如果数据是上百万甚至上千万元的费用项，我一定会特别留意，如果没有千字符的话，一堆数字排列在那里，真的不是一下子能够读清楚的。

说到数字排列，有一种说法，是说普通人可以轻松记住 6~8 位数字，再多于这个位数大脑就很难记住了，除非受过专业的训练。我一直有一件心烦的事情，就是记不住我的银行账号。我们都知道，国内银行的个人账号数字很长，通常都有 14 位或者 16 位数，近期开始推广的公司税号甚至达到 18 位数。这是什么概念？实践表明，在数字超过 10 位数以后，每增加 2 个数字，输入产生的时间成本和差错率就提高一倍。这种 16 位或者 18 位数字的账号非常容易被搞错。我实在想不明白：9 位数就能容纳十亿用户，用 9 位数的账号岂不更好？或许有一种解释说数字长是为了排列方便，即数字代表某个区域、行业，其实那都是借口或者缺乏用户思维，什么理由都不能以牺牲每位用户的便利作为代价。

这样的公司税号，确认看了不会头晕？你敢肯定操作不会出差错？你是否知道，餐厅开票的收银员在高峰时段，每分钟要给好几个客人手动开发票？

比如以下这个发票税号：

911101113989898 1X4

下面是某家银行开设的个人账号：

110164402398062

相比之下，一些银行账号会尽量把阿拉伯数字控制在一个合理的位数，大多为 7 位数字，最多是 9 位数字。

下面是我常用的一家银行账号，看一下是不是可以节省很多脑细胞：

7571580

实在碰到无法避开的多数位，除了与金额或者累计数有关的数字在表述时应使用千字符以外，对于纯粹的数字，例如全球统一都是 16 位数的信用卡，会在每隔四位数的中间加一道横杠，或者空格，试图把数字区隔开来，这样可以大大减少出错率，也更加容易被使用者记忆或者读取。

你看，下面是两种账号书写方式：

4588782097129843

4588-7820-9712-9843

分别大声读一遍，看看有什么不同？

中间的这个横杠带出的节奏和停顿，大大降低了输入或者读出数字时的失误率。别轻看这么小小的一个横杠，养成好习惯，恰恰就是从这些点点滴滴做起的。不信的话，如果你在日后的工作报表上用点心，加一个千字符，把数字统一调整为靠栏目的右边排列，说不定会收获意想不到的好评。

由此带出来一个话题，就是任何产品、创意，包括各种号码组合，在设计时都需要带入用户思维。这方面，互联网企业远远走在了其他企业的前面。许多互联网公司都有专门的用户体验岗位，负责产品的用户研究，分析用户的使用习惯和需求，负责产品的交互原型设计，完成 UE 文档框架和整体视觉需求的制作，并随时收集客户对产品使用的反馈，协助团队及时提升产品体验。用户体验这类职业实际上是一个统称，他们的工作是确保设计出来投入使用的产品不仅可用，还能获得让用户满意的体验感。例如，以前我领导某电商企业每次做页面改版时，我们在设计过程中充分考虑到使用者的习惯，并邀请目标用户全程参与交互设计。新版页面上线通常都使用 AB 版，即新版只先行给使用者 5% 或者 10% 的访问流量，看一下使用者对于新版本的逗留时长、跳转率、纵深点击率与现有版本相比在哪些节点有提升，在哪些节点有下降，再反复对页面进行比较调整。在重视用户体验这个层面，互联网之外的其他行业仍有改进空间。说一个几乎人人都深有体会的例子，很多商场车库入口都设置取卡按钮，而若是一位身材娇小的女性司机便几乎够不着那个按钮，因此出现了不少为了取卡而车子遭剐蹭的事故。规划这个位置的设计师或许只是室内设计专业出身，他缺乏的是更为人性化的产品设计理念。

» 下班后上司的短信

邻居陈叔是我的跑友，我们都习惯晨跑，每周基本上都会在跑道上不期而遇。陈叔是飞机维护工程师，在首都机场上班，他女儿刚刚大学毕业，正是进入职场的新人。

这天，陈叔着急找我，说她女儿小丽在职场上碰上一个麻烦，想请我帮忙开导一下。

我们约好在小区林荫道见面，小丽过来了，一副十分沮丧的模样。

"怎么了小丽？"我认识这个小姑娘，赶忙问道。

"昨晚我正躺在床上看手机，蹦出来一条微信短信，是我们大领导发来的，让我第二天一大早把一堆材料准备好，说是很重要。这件事我知道，而且材料都是现成的，我就回复说好。结果第二天我的主管找我，说大领导很不高兴，觉得我工作不认真。主管说我还在试用期呢，这次给大领导留下的印象不好，怕是凶多吉少。我觉得很无厘头。"小丽一副很委屈的样子。

"怎么无厘头呢？"我追问了一句。

"您看，大领导夜里 10:00 多给我微信，本来就是下班时间，我也回复了，怎么说我工作不认真呢？"

你还别说，这是很多职场新人无意中犯的错误。

第一，他们从心理上对于下班后来自上司的工作类邮件或者短信有抵触。职场上职级越高的人，对于上下班时间的楚河汉界其实越发模糊，外企除外。

第二，他们不太懂得称谓与礼节。不信你看看，有多少企业内部新人，发工作邮件连开头的称谓都没有加上？

第三，他们碰到小事容易慌张，要么不以为然，要么不知所措。

先来说说短信和微信回复的基本技巧。

不回复是糟糕的处理方式，比这个还糟糕的，是回复不得体。

"好""收到""好的"，三种表述之间是有差别的。

先说“好”字。请脑补一个场景，如果是上司要求你办什么事，你回复一个“好”字，传递给对方的感觉是冰冷的态度，甚至带有不耐烦。例如，上司告诉你说：“今天下午 2:00 到我办公室，跟我说一下这周企划案的事。”你回复：“好。”不觉得很冷冰冰吗？如果用“收到”，这基本是一句废话，会让人觉得在敷衍了事，还不如不回复呢；如果回信是“好的，没问题”或者“多谢，我提前准备好”，那就向对方表明一种愉快接受的态度。如今用微信回复领导或上司日益普遍，在你看来以为仅仅是简单的几个字，其实正在传递着你的态度。有人说，当领导的最喜欢听话的员工，若把领导安排的事情全部落实到位，员工在职场上就不会有大错，这样的说法未免以偏概全。作为一名企业高管，我时常乐于将微信或者邮件收到的行业信息分享给下面的同事，我发现这些分享发出去之后，时常会收到不冷不热的回复如“好”“收到”，然后就没有下文了。这样的回复传达的至少不是积极的态度，或许你可能出于礼貌，但上司希望听到的是你对这个内容的看法和意见，而不是应声虫式的回复。

我大致和小丽解释了一下职场处理短信往来的道理，她似懂非懂地回答说：“可是我回复我爸爸、同学的短信都一直是这样的啊。”我知道小丽其实是一个有礼貌的女孩，人也很开朗。她犯的是很多刚刚走出校门的新人通常犯的毛病：上司既不是你亲爹，也不是你同学！

有一句话，任何刚入职场的新人务必要记住：任何公司都没有义务容忍你的过失。

当然，类似小丽这种小小失误不必过分解读。如果一位职场上司对于新人的这种小失误都不能容忍的话，本身就不是一个有格局的领导。大多数上司的心胸都还是宽厚的，尤其在互联网时代，对于年轻员工的网络用语、新鲜语言，以及各种表情包，大家都抱着一种包容的态度。

想起淘宝刚上线时，推出的旺旺语言是：“亲。”当时很多人吐槽：“我又不是你的什么亲，为什么这么叫？”但现在的客人们都觉得这样的称谓显得亲热。

但是，别人的理解以及不计较，并不能成为自己举止不妥的理由，至少在职场世界，这是真理。

最后，我给小丽出了一个主意："这样，你找个机会，收集一些懊恼的表情包，在下班前发给大领导，一定是要能逗乐的那种表情包。"

小丽点点头，接着问我："为什么要在下班前发呢？"

"因为人在下班前，都想轻松一下的，借这个机会自黑一下，让领导笑一笑也就过去了。"

行走于信息时代的职场，人际环境越来越宽松，上下级关系的确不像官场上那么等级森严。不过有些基本的眼力见儿还是应该有的。

一是及时回复。哪怕是领导下班时间发来信息，实在一时不方便回复的，也要给人家一个说明："好的，我这会儿正好在外面不太方便，容我几分钟后跟进回复。"

二是有备无患。知道为什么好秘书能拿几十万年薪吗？因为老板要的资讯，95% 以上都在她们手边。别羡慕人家的高收入，学学人家怎么能让老板觉得值这个钱。此处可以回想一下电视剧《精英律师》里栗娜的形象。

三是尊重上司的对话终止权。职场礼仪中，尊者有终止对话的权利。多年沿袭的商务礼仪中，通话时往往是上级、长者、女士先挂掉电话。我刚入职场时，我的一位师兄嘱咐我："给上司打电话，对方未挂机之前，你不能先行挂断。"不瞒你说，现在"95 后"下属和我微信通话先于我挂断的情况时常可见，我可以不计较，但不等于所有人对这样的举动都不在意。挂断电话是明确的"对话终止符"，应该由上级或者尊者发出。

了解职场的点滴，能让你上班更加开心。

» 千年老号金刚组

金刚组，全称金刚组株式会社，是一家日本建筑公司。

从名字上看不出其有什么特殊性。

公元578年，是中国的南北朝时期，中国史上最负盛名的唐代成立于公元618年，比它还年轻40岁。换句话说，作为一家公司，它已不是什么百年老店，而是名副其实的“千年老号”。据我所知，金刚组是现存世上最古老的家族企业。

金刚组工匠在电视采访中这样介绍金刚组：“我们建造的宗教建筑，是各个时代人们信仰的集大成。这种压倒性的庄严感、极乐净土的形象化展示和人们在神佛面前的纯粹性，将会被历史永远镌刻。”因此，为了诠释这些凝固的音符，金刚组采用世代传承的古法来建筑。例如，木柱和横梁的接驳关节，都是用纯木材纵横卡位技术为支撑；接缝从不使用钉子，为的是百年之后需要修复的时候给后人预留最大的便利，从而保证每次修复都能做到原汁原味。今天，当现代匠人们检修金刚组几百年前的建筑木构内侧部位时，往往还能见到“坚固”这样的字样。“千百年前的金刚组师傅们，就是用这样的方式来告诉未来工匠：这个时代是我创造的。”世世代代，金刚组的匠人们就是用这样的形式把先人们对优秀产品的理念和精湛的技艺一代代传承下来，以自身对建筑品质精益求精的追求，传递给后人一种深厚的使命感。这种千年如一日对建筑的专注和对传统的使命感，作为匠人文化的一部分，深深渗入每位金刚组工匠心中。

很多时候，消费者们对于工匠精神有一种发自内心的认可，日本人确实推崇工匠精神，他们愿意花时间和精力去慢慢打磨一个物件，或者专心做一件事情。我多次走访日本小镇，到处可以看到百年老店。在这样的老店拜访，能深深感受到恪守传统和工匠精神是他们得以生存的内核，哪怕是一碗白米饭，制作过程中也要对大米精挑细选。这种思想投射到做买卖上，那便是商家愿意将精力投入到商品品质的打磨，人们自然也更愿意相信那些具有“匠人精神”的商家，从而使日本百年老店有着滋润的生存土壤。有报道说日本人做馒头，为了找到最佳的火候与口感，他们在蒸制瓶内外多个部位设立30余个探点，用来检测受热分布情况并反复测试，以此为依据开发出最令人满意的蒸锅新品。为了做出最适应人口感的米饭，三菱电器曾邀请了几千人品尝评判，在全日本搜寻最理想的竹炭原料，经过高温烧制、反复试验并改进做成内胆，最后推出的备长炭新型电饭锅，一上市便受到广泛追捧。

有报道称，如今在日本，还在经营的百年企业高达22 219家。

既然是千年老号，金刚组自然也经历过多次危机。1868年，明治天皇实行近代化政治改革，建立君主立宪政体。明治政府颁布了“神佛分离令”，四天王寺失去了官寺的地位，从此没有国家财政拨款了，日本皇室不再是四天王寺的“保护伞”，四天王寺也没有能力给金刚组发薪酬了，金刚组终于失去了这个“金饭碗”。为了度过经营危机，金刚组开始承接更多商业建筑与维修的工作，成为一家具有充分市场特征的建筑公司。由于积累了上千年的木质建筑经验，金刚组转型之后，很快占据市场竞争的有利地位。1955年，金刚组终于成立“株式会社金刚组”，从家族企业转变为现代化公司。2006年，金刚组被高松建设公司收购，在经营方面也作了重大调整，只专注于寺院建筑和木质建筑。

这个千年老号的核心就是四个字：工匠精神。直到如今，金刚组仍然传承师徒制度，由老师傅带徒弟。一个学徒进入金刚组，由指定师傅带他学习，他需要3年时间才能学完所有木质建筑的工序。如果想真正能出师且独当一面，则需要至少10年的工夫。因此，金刚组的学徒淘汰率也很高，很多学徒中途而退的原因是对这项技术的学习过程感到绝望，只好放弃。而留下来的，恰恰是那些可以把木材刨成比纸张还薄的木片的工匠高手。

选择固然重要，比选择更重要的，是坚持。

无独有偶，我曾拜访过一家百年化妆品老店。在一个小镇上，一间不到

50 平方米的店面的显眼位置，摆着一张古老的木质梳妆台。店主人介绍说，这家店从成立至今一直在这个位置，已经有 100 多年，传承到她这里是第 6 代。这张梳妆台是第一代的创始人开业第一天从家里搬过来的，100 年来一直放在同样的位子上，未曾改变。店里销售的商品，都是围绕这张台子展开的，包括女人梳妆打扮所需要的镜子、头梳、发卡、粉饼、眉笔等。我问店主人："为什么不扩张到其他相关产品，例如女人饰品、服装？"对方说："我就懂得梳妆台前的这点东西，做自己不懂的行业，做起来会不专业，这是对客人的不尊重。"

» 写错一个日期被罚了 2 万元

前几天有个粉丝在微博私信给我留言，说她和团队辛辛苦苦好容易做成一个项目，就因为一个日期写错，奖金被扣了 2 万元，好冤！

事情是这样的。他们公司需要提交给甲方一份 100 多页的重要报告，这是他们全体项目组历时一个季度的调研结果。相关人员仔细核对了各自负责部分的内容后，最终把确定稿交付给了甲方。哪曾想一个多小时后，就收到甲方的回复，对方很不客气地让他们重新核对后再交付。大家都很纳闷，难道这么短时间对方就看出什么大问题了？无奈，大家只能顾不上吃午饭就埋头再把报告细细复查一遍。

正好另一个部门的同事吃过午饭过来串门，听了事情经过，就拿起一份报告翻着看。刚看到封面，那人就扑哧一声乐了，大家凑过来一看，原来封面底部的小字写的报告时间本应是“2020.7.27”，却错写成“2002.7.27”。难怪甲方一看就来气，这明显不认真嘛！后面的内容也就不用再多看了。

虽然这份报告最终被甲方接受了，但这件“小事”无疑给公司带来了负面影响，项目组的奖金也因此被扣了 2 万元，大家也只能“哑巴吃黄连”，就当花钱买个教训吧。

许多人不重视工作中的“小事”，要么觉得这部分的内容不是我负责，所以不应当由我来检查；要么觉得检查错别字这么简单的事，做起来大材小用；要么觉得甲方以及自己公司的领导小题大做，认为写错个日期改一下就是了，又不影响报告的中心内容。但无论有什么理由或者借口，作为职场人，就必须为这样的错误付出代价，只有吃一堑长一智，养成事无巨细、认真对待工作的习惯，才有可能把这类教训转变成财富。

告诉你们一段我的经历。有一家公司准备向证交所提交上市材料申请，那时我在投资公司任职，对方是我们投资的一家互联网企业，计划在国内上市。上市的准备工作项目繁多，2 000 页的彩色资料，一式 12 套，要加装订。

由于北京那时候只有一家装订社能承接这种印刷任务，但排期很长，于是公司选择到香港地区印刷，并花了几万元的费用。一切准备工作完成后，全部人马最后汇集北京，准备第二天上会提交给相关部门审核。然而这天晚上，公司董事长致电给几位准备第二天早起赴会的高管，并通知：明天议程取消，并当场解聘行政总监。

大家有些懵，见老板怒气冲冲的，也不敢多问。准备了这么长时间的项目，最后一刻却被叫停，一伙人垂头丧气地回到公司办公室。

当后来大家知道了原因，所有人都无话可说，不得不点赞董事长。因为这事如果不是他及时叫停，将对公司的名誉损失更大。甚至很可能，所有的上市筹备工作全都得泡汤。

原来，这份花了几万元，校对过无数遍的资料，居然在开篇第一页写着：本公司总部设于中国，上海省。

上海省？

无论是初入职场的毕业生，还是工作了多年的老员工，保持负责和谦逊的心态尤其可贵。职场人的成长发展除了靠能力和机遇，更取决于他们日常工作中对细节的关注。职场无小事，只怕有心人。

如今职场对于基础办公细节的要求不像以前那么严格了，但丝毫不意味着这些地方可以被忽视。往小了说，这是一个职场人该养成的良好工作习惯；往大了说，细节上的失误可能带给企业灭顶之灾，这一点绝不是危言耸听。我本人几十年的工作经历中，至少经历过几次因貌似非常小的细节疏忽，导致企业处于危机的事例。

有一次，线下零售店印刷发放春节促销广告活页，列出了公司现有的主要门店，上面赫然写着“广西省”。

还有一次，电商平台搞促销活动，售价 2 000 元的产品被调价为 1 888.88 元，由于工作人员输入错误，商品变成 18.88 元，被瞬间售出 3 000 多份，平台不得已马上调整下架该商品，后续还引发了沸沸扬扬的舆论报道和潜在的法律纠纷。

再说一个我不久前遇到的例子。某品牌搞活动，设置了专门的促销二维码并放在了展示页，活动进行了好几天，几乎没有什么动静。负责人凭经验，感觉事情有些不对，细细查看，发现展示页上面的二维码是错的，而正确的二维码却没有被美工搁上去，到了运营环节也没有人复查，直到印刷前也无人再把整个内容认真过一遍。

这种无厘头的失误往往给后续工作带来很大的麻烦。其实，避免产生类似问题的方法很简单，只要坚持下去，基本上能保证不出差错。第一，每次写一篇稿子、发一个信息、做一张海报，需要抱着一种完成“作品”的心态——这是你的作品，必须达到在你的能力范围内没有差错的水准，否则就是一件废品、次品，没有人有义务接受一件次品。所以要养成一个习惯，即每件工作提交之前，一定要认真检查一遍，包括内容、排版、文字细节、图片，哪怕是别人完成第一阶段交到你手上再完善和加工的半成品。例如，一段文字描述由运营同事交给你做平面设计，任何事情只要经过了你的手，你就是这件“作品”的制造者之一，每个环节，你对它都负有不可推卸的责任。第二，作为主管或者项目负责人，一定要建立交叉检查的流程。任何一项工作，小到印刷一份活页广告，都需要内部不同人员或者不同部门进行相互查验。很多企业制定了罚款制度，这虽然能起一定的惩戒作用，但需要相应的流程规范从管理上提供保障，因为每次这类“小隐患”发生，导致的通常都是顾客投诉或者公关危机等大麻烦。

» 待办清单

几乎每个上班族共同的感叹就是：忙，忙不完的事。

说到底，忙是你存在的理由，如果不忙，企业为何花钱雇你？

我们在职场上班，每天要处理的事情很多，有常规性的工作，有突然间领导交办的事情，还有不少的突发事件。往往一忙起来，就顾此失彼，忘了其他必须交差的事。

这里分享一个好的工作习惯，这个工作习惯我保持了几十年，一直很有帮助，我基本上因此不曾出现过忘事的情况。

那就是，我永远有一张 A4 大小的纸张，上面记录着我要处理的待办事项。每办完一件，我就在这项待办后面打一个钩。通常情况下，我每周更新一版这个待办清单，都是用手写，便于随时添加和跟进。如果纸上有 15 项待办事项，上周办完了 10 项且都已经打上了勾，剩下的 5 项连同新增加的事项，我会统一记录在最下方新事项栏内，一起更新为本周待办事项。

有一句古话，叫作“好记性不如烂笔头儿”，这句话说得很在理。很多时候，当你上班时，领导会走到工位旁，请你统计一个销售数据，但此时你一边还在忙着其他事。如果没有养成及时将待办事项记录下来的习惯，你很可能就忘了领导交代的这事。等到三天以后，领导问你要材料的时候，你才一脸窘迫做抓耳挠腮状：“哎，对不起，我忘了！”

出现这种情形，对你职场生涯是很减分的。

要做到不落下该办的事项，不能仅仅靠一个好脑子记忆，还要随手将待办事项记下来，这个习惯能显著提升你的工作效率。哪怕在晚上睡觉前，或者在和朋友交谈的饭桌上，一旦想到某件和工作有关的事需要跟进的，一定要随手记下，或者用手机录音留下来，第二天一上班马上把这几个事项添加到待办清单里，保证不遗忘。

除了每周更新一张待办清单，我还会把每张纸留存下来，到了年底的时候，拿出来集中再仔细看一遍。一来这是最好的年度总结材料，二来可以分析一下这一年间自己在哪个方面花费的时间精力最多，哪些环节的待办事项数量最大，从中找出公司管理的薄弱环节，实现时间管理的优化。有一年，我在年底翻看当年每周待办清单时，发现当年需要提供或者被要求提供各种销售数据的待办事项特别多，而且大多数都是重复性的需求。例如，提供本月最畅销的五款商品、本周搜索量排名最靠前的 20 个关键词等。这让我意识到，下一年可以将这类的数据汇总做成常规性的系统数据，让使用者能够随时调取。

当今是信息时代，很多人使用电脑或者手机记录待办事项。我曾经这么试过，后来发现还是用纸笔的方式更好。借助纸笔这种古老方式的主要优点在于，可以把这张记满待办事项的纸张放在办公桌上，随时提醒自己更新。手机当然有类似记事本的提示功能，但还是不如一张纸摆在工位上来得直接。当然，每个人的习惯不同，或许其他年轻同事觉得用电脑记录更有效。最重要的一点是，养成这个随时记录随时更新待办事项的习惯，除了可以防止某项工作因为遗忘未能及时完成外，还可以提升自己的工作效率。我的工作习惯是，每天刚上班时和下班结束前都会浏览及更新一下这份待办清单，如果有某个事项比较紧急的话，就会在上面加一个星号标识，表示这类事情是需要优先处理的。

顺便说一句，用一张 A4 纸记录远远好于用一个小本子记录，因为前者可以随时分类、组合。这是我在大学时期做卡片式读书笔记时摸索出的门道。我经常看到，许多人开会的时候带着一个本子做记录。记录当然是个好习惯，但本子的缺陷是不容易归类，除非做二次整理，否则你会觉得两个月前季度总结会上部门领导布置的三件事项，现在找起来怎么这么费劲？而使用 A4 纸做会议记录，可以随时调整归类。

由此延展开来，在管理方面，我对于自己负责的部门，或者各个直接报告点，都有针对每个人、每个部门的待办跟进事项。我每到一家企业，都会主动提出要和老板、上司有每周固定化的沟通时间。这样做的好处是显而易见的。首先，它减少了临时性干扰。上下级之间需要讨论、请示、知会的内容，除非紧急要务，大多可以汇总下来，在每周一次的单独业务交谈时间提出来。其次，它让上下级之间建立了一种常规性的工作交流，这样可以避免上级对下面的业务新进展不了解或者下属不掌握上面的新动态。这种一对一的交流要留给下属更多的时间，以下属的安排为主，“这是每周属于你的30分钟，看看你准备怎么用?”这30分钟不仅双方可以深度讨论问题，作为上司或主管更能在此随时了解下属及分管部门的动向。我很不习惯某些主管每次想到一件事，就打一个电话把下属叫过来的管理方法，要知道每个人都有自己的时间管理习惯和时间分配，在一些人看来图个简单痛快，殊不知很可能打断了人家进行到一半的某件事情。所以，提倡高的工作效率，首先要从高层管理人员养成良好的工作习惯开始。我曾经以投资人的身份拜访过一家规模大约300人的企业，对方的总经理在他的办公室接待我。简要介绍情况之后，我提了几个问题。不到20分钟，他先后喊过来四拨不同的人，询问的都是一些很简单的数字甚至是某个产品的名称，弄得我很不好意思，但对方解释说：“我们这里的习惯就是随叫随到，事情不拖沓。”不拖沓自然是个好习惯，但短短一阵子就中断了不同部门员工的工作节奏，而且都不是特别重要的事，这样的老板估计会让下面的人很抓狂。

» 女儿与儿媳妇

处理新人与老人之间的关系，是企业人员管理中一个最为常见的问题。从企业的角度说，企业的发展不能仅仅靠内部员工的成长和培养，更需要引进外来人才，尤其是中高端人才和具有专项特长的能人。而每个人在职业发展中，也时常要寻找更合适的机会，让自己在有限的黄金年华有更大的发展空间。

如何处理好新人与老人之间的关系？不论从企业的角度还是员工的角度，都值得细细琢磨。记得当年我加入某互联网大厂任职集团副总裁时，副总裁以上级别的高管不到10个人，一张饭桌就坐下了，而集团各个业务公司所有总监级以上的领导加在一起一共也就是几十人，算是一个相对紧凑的团队。

这家互联网大厂是一家很强调文化认同、思想统一、价值观一致的企业，比如会让每位员工起花名等，这些都是新人入职必须要经过的过程。几乎所有进入企业的人都被告知，刚入职的几个月，只需要带着耳朵、带着本子，多学习企业文化，少发表意见。对一家拥有独特企业文化的互联网大厂，这些规定是可以理解的，其目的在于让新人尽快熟悉并融入企业文化氛围中，放下以往的习惯思维，从零开始了解并接受企业的价值观。有一次，集团董事长兼创始人与几位新入职高管座谈的时候，创始人说："既然请大家过来，就是看中各位的能力和才华，希望能够给各位提供一个尽情发挥才能的舞台。我们的工作就是做好服务，把这个舞台夯实，让大家在此尽情发挥。"他接着说，如果有什么意见或者问题，尽管提出。我突然间脱口提了一个问题，后来这个问题也不知道怎么就让媒体知道了，并在相关的报道上写了出来，该报道中还说我的问话让对方无法作答，其实当时在场的就七八个人，沟通的氛围很随意。

我说："企业里有新人和老人，打一个比方的话，就好比大家长眼里的女儿和儿媳妇。女儿指的就是这些老员工，她们年龄都不大，但从企业最开始创立的时候就加入了，称为老人。大家长从小看着她们长大，她们所有的动作、习惯，大家长都再熟悉不过，哪怕是因调皮捣蛋或者做错事摔坏了一件宝贝古董，训斥她们几句，都带有一份怜爱和亲切。儿媳妇则不一样，儿媳妇已经成人，在不同的环境下长大。当她嫁人的时候，一方面认同夫君家的大家长，但同时心里总是有些忐忑不安，总想着能够让大家长满意。但是新家里面的各种规矩，尤其是一些没有明文规定的习惯，儿媳妇未必都那么熟悉，或者也可能不太习惯，新家里上上下下的人们看待儿媳妇的眼光也总是比看待自家女儿的眼光要挑剔得多。她走路的姿势是否得体、笑容是否自然，甚至吃饭的时候筷子是否放下来码整齐，等等。这里面有些固然是新进门的儿媳妇还有待调教的地方，但是也有许多则是不同成长环境下形成的不同习惯而已，并没有绝对的好坏之分。这时候就看大家长是什么态度了，大家长能不能接受不一样的走路姿势？在企业，本来吸引新的人才进来是希望他们带来一些新方法新理念、新视野，但如果大家长永远拿着评判女儿的标准去衡量和看待儿媳妇的话，那么过不了多久，出于生存的需要，这个新进来的儿媳妇就会慢慢地向女儿看齐，试图让自己变得像大家长的另一个女儿。但她终究不是女儿，也成不了女儿，何况从企业的角度来说，这也不是企业引进新人所要达到的目的。”

当时我这个问题提得有点尖锐，但沟通的气氛是愉快的，事后我们还单独就这个话题与创始人聊过两次。

企业与人才之间的相互包容，涉及外来新人的软着陆，不少企业在这方面有沉痛的教训。网上报道，仅仅互联网行业的中层管理人员，在加入新公司三个月之内的离职比例，就高达40%，这里面其实消耗了从招聘面试、入职培训、人员流动更换等各个环节大量的人力财力。

话还是得分两方面讲。

企业方面，需要一份宽容心态，因为每个人做事的方式和流程不尽相同，除非是招聘流水线员工，否则切不可过分计较人才做事的每个细节，而应注重结果、留出空间、给予充分授权，这是企业替新人创造良好环境的有效方法。新人通常都有强烈的表现欲，更何况新人总是充满激情，想在工作中尽快露一手，如果过分用企业固定化的规范约束新人，容易让对方无所适从。就像一个大家长整天板着面孔，儿媳妇不吓个半死才怪。

个人方面，如果你是一位高职级的核心高管，或者受命于危难之际，需要帮助企业扭转困局，那就不要有太多套路，大可按照你的意愿行事，尽快彰显能力。但在多数情况下，比较明智的做法还是先试一下水温，适应一下这个生态，然后再挥洒自如。如果自己连红线区域都没搞明白，一上来就抡起斧头大干一场的话，很可能成为众人攻击的对象，甚至最后落荒而逃。

对于入门不久的儿媳妇来说，在不违背自己职场基本原则的前提下，先谋求生存，找到第一个立足点，这是发展的先决条件。

新人需要记住自己儿媳妇的身份，刚到一家新公司的时候，比较好的做法是给自己留一段观察熟悉的时间。当然，这取决于所处的位置。通常，越高职位的人所需要熟悉适应的时间会相对更长一些，在这段对环境的适应期里，如果有新的方案、新的建议，不妨“走小碎步”。也就是说，一次只是就一个细小的环节去提改进方案，去尝试新的做法，而不要一开始就试图做大的、涉及全局的变动。小试牛刀的做法更容易为别人所接受，也容易取得成就。例如，作为销售总监，新人如果一上来就砍掉一个主要销售渠道，那就是大的改动；若是在现有销售渠道的基础上先按照经验增加一个新渠道，引进一个新的销售策略，或者完善一个奖励标准，这样的切入就更容易被接受。

» “小白兔”和“野狗”

某互联网大厂内部有一个员工评估体系。如果我们用坐标图来表示的话，那么纵轴是忠诚度，或者叫“企业价值观认同”，横轴则是“业务能力”。

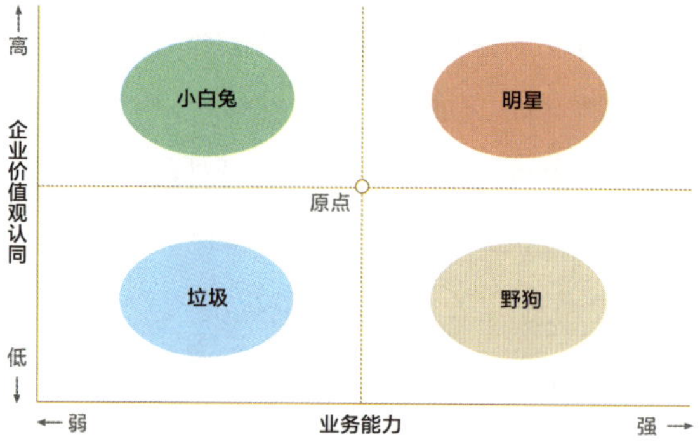

员工评估体系坐标图

把这个坐标图做一个切割，大体上可以形成四个板块：右上（“明星”），右下（“野狗”），左上（“小白兔”），左下（“垃圾”）。

在这个坐标图上，一个员工如果被标注于右上区域，那么恭喜你，你中大彩了，因为这里是人们常说的又红又专的专属区，公司把身处该区的人称为“明星”，这个区域的人肯定是每家公司、每个领导都想要的。

正好相反，被划归于左下区域的人，就等于被贴上了缺德少才的标签，公司内部评估体系称之为“垃圾”。

“明星”员工抢着要，“垃圾”肯定是要清理的，这都没有争议。

难就难在剩下的两个区域。

位于左上区域的员工，被认为是对企业具有忠诚度但能力欠缺的人；而归类于右下区域的人在企业看来，她们的业务能力很强，但是价值观与企业不相吻合。

怎么办？不同企业有不同做法，有人凉拌，有人热炒。

在这家公司，习惯上把位于左上区域的人称为“小白兔”，而把右下区域的人称为“野狗”。

从这样的称呼，已经可以大致猜测出这家公司对人才选拔的价值取向。换句话说，如果只能在忠诚度与才华两者之间做一个取舍的话，那么，这家公司宁可保留有忠诚度而才能不足的人，也不想要太多有才能的人冲淡其企业文化。我们都知道，有才华的人不服管，弄不好他们还容易捅娄子，所以还是避而远之的好，这几乎在所有企业是个常态。

类似上面的这种人才评估体系和人才取舍标准，很多企业都拥有，包括企业年度考评的时候，经常将业务能力和工作表现与文化认同各考量50%。诸如和同事的相处、和上下级的相处、是不是热心参加企业文化建设、是否勤勤恳恳工作不偷懒等，都是其中的评分项。所以，业绩优秀的销售尖兵未必能拿到考评高分。

针对这家互联网大厂的人才评估习惯，我有几点分享。

首先，传统的企业将是否听话、善于处理各级关系，作为一个人能否升迁的关键。但如今绝大多数都是市场化企业，一伙人聚集在一起创造价值、产出利润，有德无才的人虽说对企业的实际增值谈不上有多大贡献，但哪怕在非业务部门，也同样对其有使用效率的考评。

其次，这家互联网大厂强调对某老板个人的忠诚度，这或许可以持续一段时间，但长时间这么做是非常危险的，尤其是对几乎所有员工洗脑般灌输个人的价值观的做法，非常容易让企业走向极端。一些公司喜欢搞老板个人崇拜，追求非常形式化的东西。这样的做法固然在一定程度上为企业发展提供了员工凝聚力，但其导致的副作用就是形式主义盛行，大家很容易讲空话、说套话。

再者，不同职级的员工理应有不同的价值观认同权重。对于一家企业来讲，通常要求核心人员对企业具有高度统一的价值观。例如，企业各个高管、首席设计师、架构师等，他们加入企业时，对于该企业的战略定位、价值取向必须要有高度的认同。至于普通的客服人员、销售经理，他有必要高度认同企业的口号吗？说到底，这家互联网大厂还是很看重领导权威的，既然在这家公司任职，就必须认可领导的权威，否则才华再高，领导也并不会那么看重。

一家企业在管理上如果仅仅喜欢老实听话的“小白兔”还不算问题大，但是宁可要“小白兔”也不要“野狗”的用人方法，客观上导致了一个非常严重的后果——

装。

为了生存，许多原本处于坐标图左下区域的“垃圾”，会披上伪装的外衣往上蹿，试图把自己装扮成为一只“小白兔”。本来，“小白兔”只是能力差一些，但为人忠厚诚恳，如今那些实际上既没有能力也没有品行的人，也混到这个区域里来了。因为业务能力是很难装出来的，销售业绩的数据在那里摆着，任何人查一下就知道。而相对来说价值观伪装起来要容易得多。比如说碰到公司内部组织学习活动，一些人每次都很认真、很主动，一定要提前参加，写好心得体会；办公室打扫卫生、搞年会的时候他们一定要抢在别人的前面忙前忙后；周末一旦有加班安排他们首先主动报名，回头再找机会给自己请两天病假……想一想当年在大学的时候，是不是有的同学为了当积极分子，主动替室友们打洗脚水，自愿冒着寒风替别人排队？严格意义上讲，被认为是“小白兔”的这些人，有不少其实是从“垃圾”迁移过来的，只不过披了一层乖巧的外衣而已。因为，“垃圾”是要被扫地出门的。

不管真“小白兔”也好，假“小白兔”也罢，这些人对于企业，顶多只能帮助维持日常的运作，指望他们开疆辟土、指望他们在企业出现大风大浪的时候挺身而出、力挽狂澜，几乎是不可能的。

以我这么些年在企业从事人员管理的经验来看，我的体会是，不要试图追求极端，也不要在企业内部倡导极端。绝对的“小白兔”和“野狗”，在现实世界中少之又少。所谓的忠诚度，大多只是一种生存环境下本能的自我保护意识，真的碰上大风大浪的时候，连本是同林鸟的夫妻都免不了大难临头各自飞，更何况是雇佣的员工。同样，有业务能力的人并不一定服从管辖，这在很多时候取决于公司能不能为业务能力强的人才提供一个好的环境，并提供富有弹性的激励机制。我曾经在线下零售公司管理过采购员团队，那时候同行公司为了防止采购员外出谈判时与供应商吃吃喝喝，几乎所有企业都规定不准报销外出餐费。采购员出差在外，与商业伙伴联络感情、礼尚往来免不了一起吃个饭，不给他报销，怎么办呢？他就会去讹诈供应商，让对方买单。而吃人的嘴软，如何让他从供应商那儿获得最低的供货折扣？所以我修改了规定，即所有的业务人员外出，住宿可以在五星级酒店且不设上限，商务应酬一律我方买单，凭票报销且不限金额。不过对此有个考核，那就是每个阶段下来，在做半年度或者年度评估的时候，要看业务人员报销额和其所带来的效益额是什么比例。如果效益不如其他同事，而花销很高的话，在年底的评选中，他就会被打上问号。这样的做法，就好比给一匹有能力的骏马套上头套，而不是将马匹圈在马圈里。

从管理的角度来讲，人才使用和引导应该是以员工评估体系坐标图中间的那个圆点作为起始点，每个人新进入公司，都从这个原点出发，而不是一开始就假设某某人属于“明星”，某某人是只“野狗”或者“小白兔”。我们希望尽量通过公司的规定与奖惩政策，以及各种“传帮带”的方式，引导每个员工从中间这个原点往右上区域走，哪怕不是每个人都能成为又红又专的“明星”，至少让企业的绝大多数人员处于右上区域。

» 一张干净的办公桌

某个周六，我应邀到一家位于北京亦庄的互联网公司做分享，因为是周末，过来开会的只有十几个人，几百平方米偌大的办公区显得空荡荡。我注意到这一百多张办公桌，几乎每张桌面都堆满了各种文件、报表，还有吃过一半的零食，以及用过的餐巾纸……工位下方是扔了一地的空汉堡盒、调味包、快递箱。

类似的场景十分常见，尤其在互联网公司。记得早前就曾在网上看到，有一位姑娘还因此与男友发生争执而分手，说是“三观不同，不能强融”，当时也引发了网友们一场激烈讨论。不收拾现场的理由主要是认为“反正工作能完成就行，这是一个个性张扬的时代”。

每个人都有自己的习惯这个理由没有错，但办公区域的简洁有序，体现的不仅仅是一份整洁，更是效率。

之前我们公司有位同事是个20多岁的小姑娘，每天穿得很时髦。但让人意外的是，她的办公桌在整个大办公区里永远最“抢眼”：各种文件堆积如山，还有各种吃剩的饮料杯、零食袋，就连键盘上都有杂物。她要写东西，得先刨出块空地；要找份文件，也得把一部分文件先搬到地上再翻。原本有其他部门的总监想把她介绍给自己的大学好友，后来发现这姑娘的办公桌这么乱，家里生活估计也整洁不到哪里去，于是就不敢当这个媒人了。

其实从一个人的办公桌，就大致能看出一个人对待工作的态度。如果一个人的办公桌上堆放了饮料杯、快餐盒、各种零食，喝完茶又懒得倒茶叶渣，各种资料和废纸放在一起堆积成山……这种只图一时痛快、不考虑后果和别人的感受的人，其人的工作态度和职场上的情商也让人怀疑。当然，如果是一位特立独行的设计师、画家，那另当别论。

我走进过许多大老板及高管的办公区，通常他们办公桌上的物品都摆放得整整齐齐。有人可能会说：“人家是老板，哪有那么多文件要写？办公桌当然干净了！”请不要想当然地认为老板事情少，他们比任何一位员工都更需要大量阅读公司的业务报告，他们审批的文件不亚于任何一位员工每天要看的材料。

也可以观察下周围的同事，将会发现，能保持办公桌干净整齐的人，往往做事情也有条理。如果办公桌上多半是与手头正在着手的工作相关的文件、材料及相关物品，它们就时刻提醒主人当下的主要任务，办公桌主人随时知道自己需要做什么、优先做什么，办公效率会随之提高。所以，那些将办公桌整理得干干净净的人，无论是工作态度还是工作效率，大概率都要优于桌面脏乱的人。

如何克服办公区域凌乱现象？下面分享我的几个实际体会。

第一，今日事，今日毕，桌上不留隔夜活。这是一个习惯，一旦养成会终身受益：每天都把工作做完，至少把有待继续完成的做好归类，不在办公桌上遗留任务。

第二，标签化分门别类各类物品。这是我个人保持了三十年的习惯，我因此受益无穷：给自己的工作文档做好归类，每个类别固定一个活页的文件夹，以便随时归类、随时更新、随时处理。因为这个习惯，每次需要找文件或者材料时，我从来没有耗时超过三十秒。还在进行中的工作则被放入我特别建立的待办文件夹，所有等待落实处理的材料、文档被统一放在里面，一旦某件事情处理完，就及时将它从待办夹子里取出来。

第三，定期清理。每月最后一个工作日，我有一个固定工作内容，就是对自己的月度工作做一次书面化的回顾总结，并写下来，同时清理文档。凡是不再需要的文档集中销毁，需要保留的文档存入文件柜。我信奉这样一个办公原则：如果一个电脑包还装不下一个职场人士的待办文件的话，他基本上就是一只无头苍蝇。

说到办公室的有序整洁，有一个值得处理的细节，就是在办公区域摆放好私人物品和个人零食饮用品。

许多人有把个人喜欢的一些珍藏品放到办公区域的习惯，这通常是被认可的，但需要掌握好适度原则。

下面的私人物品如果陈列在一个人的办公桌上，是可以被普遍接受的：

· 个人或者家人照片。

· 特别喜欢的收藏品，如公仔、奥特曼。

· 个人或团体的奖牌、奖杯、奖章。

而类似下面的这些私人物品最好不要出现在你的办公桌上：

· 明星照片，以及带有很强烈个人喜好色彩的东西。

· 高价值的古董、易碎品。

至于个人零食饮用品，尽量不要放在开放式的工位上。确实有些饼干、巧克力等零食，最好用密闭的盒子装好，放到抽屉里。再没有比打开一半的饼干招来蚂蚁小虫更让人囧的事了。总体上，职场人还是应该遵循尽量简洁的原则，工位上私人物品堆放越多的人，越可能给人留下公私不分的印象。有一类人喜欢在办公桌上堆满东西，比如喝了一半的饮料、零食包装袋等，这很容易招来上司的负面评价。因为，办公室是工作的地方，这样乱堆物品，无形中会告诉人家，你的工作状态是无序懒散的。毕竟，如果连自己的一方小天地都打理得乱哄哄的，又怎么敢指望你工作开展得有条不紊呢？当然了，特殊工种除外。

如果把断舍离这个概念引入办公室，倒是十分贴切的：

断：尽量切断将个人物品随意搬到办公场所的念想。

舍：过期的材料、用过的包装盒、团队建设发的彩带，及时送进垃圾桶。

离：不常使用的书本、几乎没触及过的各种文具，可以迁移到公共区域，让同事共享。

2

第二篇

升职其实不困难

弯道超越：你需要足够的能量积蓄

3030
3956
398
1556
4564
8743

» 厕所在哪儿?

分享一段我真实的工作经历。

若干年前我在一家互联网公司担任首席运营官，管理的几个部门加起来大概有 2 000 人，其中包括五条业务线，每个业务线上有一个副总裁负责，下面又分若干个职能板块并设总监职位，再下面设经理、主管、专员等职位。公司实行两级报告制，就是说，可以对上级以及上级的上级报告。

这一天，公司新入职了一位总监。人力资源部门安排他跟相关各部门负责人做一个新人入职介绍，并简单沟通交流一下。我也被 HR 安排在上午的 11:00—11:30 与他有半个小时的接触。利用这半个小时时间，我大致向他介绍了公司目前的运营情况，特别是我所负责的业务板块各个职能之间的分工和现阶段重点工作，并表达了希望新人能给我们带来新的面貌、新的突破的愿望。半个小时的新人会面在客客气气交谈的氛围中如期结束。

当天下午两点多，秘书跟我说："今天上午面见的那位新来的总监 XXX，想跟您单独约个时间，他说他有急事，问您能不能安排?"

我说可以，于是秘书就从我行程中挤出了一段时间。大概下午 4:00 的时候，这位新人走进我的办公室。双方落座后，他客气地说："黄总好，我今天约您，是想对公司下一步的几个业务提一些改进意见。"说完了这句开场白，他拿出准备好的本子，准备开始叙述。我连忙打断他，我只问了一句话，他就彻底懵了。

我说："等等，你先不要说你的意见和建议，我先问你：我们公司在办公楼里有几个男厕所？分别在什么位置?"

他一下子愣住了："您怎么会问我厕所在哪？我只知道我们这个楼层好像有两个厕所，然后楼上那边好像还有几个，但是我还没上去过，所以不太清楚。"

我回答他："我们公司在这座办公楼里有三层办公室，每层都有公共男厕。你是不是先把我们公司有几个厕所这个最基本的情况搞清楚，再来跟我提工作建议?”说完我就很不客气地把他请出了门。

可能他会觉得有些委屈。

任何一家企业招聘员工，肯定是希望员工的能力能派上用场，希望新人能有好的意见、建议、措施，去改善企业运作。特别是作为公司的首席运营官，所管理的都是些业务部门，更希望新总监能派上用场。业务部门最需要新想法、新创意、捕捉市场的新机会。但是，新人是不是得先把公司现有的状况了解清楚、把公司门道摸清?进公司的第一天，作为一名中等职级的管理人员，新人连业务都没太熟悉，就要提工作调整的意见，他要么是不切实际地胡扯，要么是过于自信。我用这种略带调侃的方法，让他先去数清楚公司里有几个厕所，无非是想告诉他，先把现有情况的 123 搞明白，再来说 456。

很多公司都有这么一条不成文的规范：如果是一位管理人员，入职三个月之内，最好不要提什么新方向新创意，而要先把现有的工作理顺，解决好现有各项工作的落实和跟进。再好的建议也要三个月以后再来谈。

这一点值得许多职场人士思考。入职的时候出于兴奋激动，更希望能迅速展现自己的能力，这是可以理解并且值得肯定的，但试图证明自己的才能有许多种方式，应从当前的实际现状出发，适应企业发展需要，这是任何工作改善的出发点。每个企业的现状有它存在的理由，在了解企业来龙去脉之前，新人不要贸然提什么新的方向调整，更多的是先把眼前的事情做好，除非是受命于危难之际的企业总裁或总经理。

新人入职还有两个地方要特别注意，否则很容易引起新同事或者上司的反感。

一是过多挑公司毛病，谈存在的问题。还是那句简单粗暴的话：企业花钱雇人来，不是让他过来挑问题的，如费用过高、用户服务脱节、产品更新换代不及时……这些老板更清楚，人家关心的是新人能不能改进这些状况，对此有什么具体措施。如果说，解决问题的措施就是要推倒重来，那除非新人握有尚方宝剑，否则这种革命性的表态只能把自己置身于多数同事的对立面，因为新人还尚未证实自己的任何能力，无法要求同事毫无保留地放弃现有的做法、改弦易辙支持他。能够把销售的库存周转提升 2%，把几个关键页面的粉丝流失率降低 5%，这才是作为新人切入并建立自己价值的有效路径。

二是过度怀旧。人都有一种不自觉的恋旧心理，自己可能都没有意识到。当一个人刚刚加入一家新公司的时候，下意识里总要拿它和自己原先的旧公司做比较：这边的办公室没有原来的敞亮，这里的快递还得自己下楼拿，等等。更要命的是，参加业务讨论时，新人常常不自觉地说起原来的公司并这样描述："我们是……这么做的……"打住！这里不是"我们"，是"他们"。如果要办公敞亮，要取快递不用下楼，那待在原来公司就得了嘛。这种称谓不清或者过分夸大原公司的习惯一定要改掉，否则会给新同事或者现在的上司留下不很好的第一印象。

清空自己，因为过去的经历在迈入新企业的那一瞬间已经归零。

» 我被工会除名了

不论在什么样的行业、什么样的公司，从劳资关系来分，可分为两大阵营：员工阵营和管理阵营。

再分享一个本人的亲身经历。以下案例，只针对外企的工会（以下简称“工会”）而言。

很多年前，我在一家外资超市工作，刚刚入行的时候我从门店收货部的收货员工做起，每天早上5:30就得准备上班接货。我当时所在的公司有一个工会，员工是自愿加入的，但几乎人人都参加，因此，每位员工每个月都要从工资里拿出2块钱作为工会会费，用来支持。工会也有针对员工的保护行动，比如规范加班时间，制定年度调薪的最低标准等，工会代表则负责出面与资方交涉劳资纠纷等相关事宜。

干了一年多以后，我得到一个升职机会，成为收货部的见习经理，这是我在职场上第一次走向管理岗位。其实，它只是一个初级的管理岗，我们门店收货部一共四个人，包括一名经理，一名见习经理，还有两位员工。

升职是一件让人高兴的事，可是成为见习经理的几天后，当我拿到工资、要再去交那2块钱会费时，我被告知：“黄先生，你已经不再是我们的会员，你的名字也已经不在我的清单里。”

我觉得很奇怪，那时候我还很年轻，知道的事情也不多，我就问：“咦，为什么呢？我不都一直是会员吗？我不欠费，也没有做什么不合适的事情。”

对方笑着告诉我说：“不是你做错什么事，而是你现在已经成为一名经理。经理是管理岗，代表的是资方，所以你就不能再待在工会里。工会代表的是劳方，也就是员工方。”

那一刻我明白了，当升职为经理、走向管理岗的时候，我的角色就变了，我代表的是资方，或者说公司的股东方，协助股东从事公司的运作，哪怕只是公司几千名管理层级干部队伍里职位最低的一名见习经理。

在那瞬间，我想到一个比喻："碗里的肉"和"锅里的肉"。

在企业上班的雇员，如果他是普通员工，即从事操作层面的人员，他需要考虑的就是"碗里的肉"——我这个月拿多少薪水，我的加班费有没有被准确计算，本月交通补贴是否都全额发给我。他关心的是装到他个人碗里的肉分量足不足。而作为管理岗人员，他的职责则需要考虑"锅里的肉"——公司是否盈利，企业库存周转速度是否正常，现金流沉淀是否正常。如果你和管理团队的成员们没有能力让公司的锅里有肉的话，你的价值存在就会受到质疑。

上面的例子虽然说的是外企的工会，但职场确实分员工阵营和管理阵营。在互联网时代，特别是在网络公司，人们在沟通上更为频繁。不同层级之间的区分不再那么明确，同事之间的关系也更加亲密。但是从根本上讲，员工和经理依然代表截然不同的两个阵营。跨越阵营的友情是个案，不是常态。一个人一旦成为管理人员，他首先需要考虑的是公司的利益，因为他是代表股东方参与企业的运作，要承担的责任更多一些，公司若持续亏损，不应当向员工问责。我曾经服务过的一位老板在考评每位管理人员时总喜欢说这么一句话："企业每支付你 1 元钱，最起码你要有能力给公司带来 1.01 元，否则你代表资方从事管理工作的意义就不存在。"当然，互联网时代亏损也是一种企业发展策略，但财务亏损一定需要有其他数据支撑作为弥补，作为一名管理者，如果你不能为所服务的企业带来利益，让员工们的碗里有肉，那就很难证实你的存在价值。

这种角色转换并不意味着相互对立，双方的共同利益在于，只有锅里有足够的肉，才能保证每个人的碗里有肉。同样的，只管锅里肉堆得满满的，而不顾员工利益的话，必定导致人才流失。市场调节的杠杆会把两者放在一个基本合理的平衡点上。越来越多的公司通过期权赠予的方式，用利益共享来吸引普通员工群体为企业的"大锅"着想。

虽然员工和管理者考虑问题的角度不同，但这并不排除相互之间的合作和团队配合。但二者有一个很明显的差别，就是作为一名普通员工，完全可以当一个老好人，至少可以选择不得罪人；而若想成为一名优秀的管理者，必须能够下狠心，敢于拍板、敢于得罪人，这几乎是管理者一种必备的能力。很多刚刚升职走向管理岗位的人对此常有很多困扰，就像我当年特别不希望被工会除名，但终究改变不了角色转变这个客观事实。中国古代有“慈不带兵”这样的说法，管理的无情之处在于，作为团队的领导，不只是当好人就够了。当带领部下上战场打仗时，弟兄们更期待你能领着大家打胜仗，同时还能把大家安全地带回家。

» 高考与热门专业

每年的高考，一般在六月举行。每年这几天，大家对于身边参加高考的家庭，都给出很高的礼遇。我们小区有几户人家家里正好有今年参加高考的考生，提前一个月，楼下每天跳广场舞的大妈就挪了地方，因为大家很默契地想让考生们休息好。

不同年代年轻人选择的热门专业真是大不相同。我是 1977 年参加高考的一员，这一年赶上“文革”结束，首次恢复全国统一高考，考生跨度从 1966 届到 1977 届。那时候，文科各个专业里最热门的是中文和历史，理工科专业大家首选的是物理和化学，那个时候流行一句话，叫作“学好数理化，走遍天下都不怕”。我上学的时候，文科各科系录取分数最低的是经济系。后来有一阵子，外贸专业成了香饽饽，中文和历史专业慢慢成了二流志愿。如今高考，大家更热衷选择商科、工程、电子技术、传播学、信息技术等专业，因为这些专业每年的应届毕业生就业率都很高。

除了选专业，选择高校也成为年轻学子更加关注的问题。据媒体报道，2020 年国内普通高等学校有 2 738 所，含本科院校 1 270 所、高职（专科）院校 1 468 所。国内普通高校分一本、二本、三本，这些高校更是被金字塔式地分成多个等级。一般会有如下分类：第一层次为“985 工程”的 39 所学校；第二层次为“211 工程”高校；第三层次为全国重点大学；第四层次为省部共建高校；第五层次为省部共同重点支持高校；第六层次为其他部委隶属院校；第七层次为原国家各部委管理转制院校；第八层次为普通省属本科院校；第九层次为独立学院；第十层次为民办本科院校。接下来，还有若干个专科院校层次。

经常有人问：报考大学，到底是专业重要，还是学校牌子重要？这个问题的确让我有些难以回答。一方面每个学子的兴趣、爱好、特长、经济条件各不相同；另一方面还得看学子更加想追求自己的学习理想，还是想为日后的职业生涯做准备。如果一定要我说一个倾向性意见，下面的这段分享来自我在职场经历的体会，但仅仅是个人的看法。

我的看法是：如果未来所从事的是初级或者职位含金量较低的工作岗位，在专业和学校之间，雇主更在意专业对口；若从事的是中级岗位，学校牌子更加重要；而从事高级岗位，则专业匹配和学校牌子缺一不可。至于什么是初级岗位、什么是高级岗位，我只能用一个特别庸俗的区分：看薪资高低。我们不妨想想：如果应聘一个手机基站的维护人员，是不是一定要专业对口？否则你根本无法上手。而知名投行如果招聘应届毕业生，除了要求其金融相关学位的优异成绩外，还要求其毕业于顶尖的几所一流学府，即专业对口和学校出名，二者缺一不可。这样说可能会有些功利性，但职场金字塔就在那里，不妨坦然接受它。一个人如果想进入最优秀的企业攀爬，那就得有足够强硬的敲门砖，文凭的含金量就体现在你的专业、你的成绩、你从哪所校园走出来。

有趣的是，我注意到，在西方国家每一届的大学录取中，分数线门槛设置最高、要求最严、竞争最激烈的，通常都是这两个专业：医学和法律。

仔细想想，这其中的道理耐人寻味。

我们不妨琢磨一下这两个专业之间的共同之处是什么呢？就是不论是医生还是律师，都是跟人打交道的。医生治病救人，律师帮助客户解决法律上的疑惑，或是在法律准允的范围内做合法服务。一个社会如果年复一年地都把每一届最优秀的年轻人输送到医学和法律行业，客观上就为这个领域提供了最优秀的人才储备。不管从事的工作是治病也好、出庭也罢，将来都是要和生命打交道的。当一个人生病的时候，或碰到法律麻烦的时候，是最为低迷无助的时候，此时肯定希望服务他的是一位优秀的专业人士。高考分数至少是我们目前可以量化来衡量一位青少年智商和潜能最直接有效的方法，高分代表着在同龄人中脱颖而出，而医学和法律专业需要高分考生，意味着社会对这两个专业高度重视，意味着这两个专业在当地具有闪耀的职业前途，当然也意味着学生在毕业之后会拿高薪收入。因此，一个高分录取医学和法律专业考生的社会，会形成一个法律与医学行业不断发展的良性氛围，在这样的氛围下，一个个新的疑难杂症被逐个攻克，一条条法律条令逐渐得到完善。

我因此想到，每年高考分高的年轻学子集聚于医学系和法律系，实质上折射出一个价值观，就是人的生命、人的价值高于一切。社会承认这样的人才价值，认可这份职业的高尚和尊贵。还记得若干年前，有些地方流行这样的现象：拿手术刀的收入还不如拿剁肉刀的。这时候，治病救人、舍生取义，终究显得苍白无力。好在这样扭曲的现象已经不复存在。

社会是多元的，不同时代的年轻学子有着不同的爱好与追求，但我乐于见到更多优秀的年轻人进入医学和法律领域，我相信，这两个专业也将很快成为国内最热门的高考学科。

» 承认错误是一种胸怀

谁都会犯错，职场上的人莫不如此。

问题不在于有没有犯错，而在于犯错以后怎么处理。对待错误的处理方法可谓五花八门，最常见的是推脱和找借口。

“这个事情其实不怪我，是 XXX 没做好。”这是推给别人。

“这个月的销售不好，是因为连续好几天下雨，店面没人，没法做销售。”这是推给客观。

“这个事情我觉得也没那么糟糕，虽然不理想，但还是过得去的。”这是狡辩。

上述的这些场景听上去是不是似曾相识?

其实，对待做错事，或者任何工作上的失误，职场上最简单、最有效，甚至有可能让你从中获得加分的做法是什么？很简单，就是坦然承认。“对不起，这件事情我做错了。”或者说：“这件事情我没做好，是我的责任。”

请记住，勇于承认错误是一种胸怀，有了这种胸怀，你才能为自己创造一个改进和提升的空间，同时你也向对方表明，你不是一个喜欢推脱的人。

找借口与推脱在职场中随处可见。有一天，我到公司楼下的餐厅就餐，点了一份鸡翅、一个比萨、一杯饮料。等我用完了主餐，也喝过了饮料，服务员都问我是否要结账了，我那盘催了两次的烤鸡翅还没有上来。看样子，是服务生下单时忘了。我第三次问起那盘烤鸡翅，本来这个时候对方道个歉，这事就了了，可对方偏偏要找借口说：“这会儿太忙，所以……”

在日常工作中，我碰到的情况是，每十个员工工作中出现的失误，大概只有一个失误是当事人会主动承认的，其他的失误当事人都是找脱辞，说一些貌似在理的理由。恰恰这个主动认错的人，会让我记住他的诚恳。职场上更难得的品质是，当一个失误出现，而别人还没有发现的时候，当事人会第一时间主动说出来，同时寻找补救的办法，这才是本书一开篇的文章提到的那具备创造故事的 1% 人的自我约束。

早些年我做线下零售管理时，我所在的公司在一个沿海城市看中一块地，与地产商来来回回讨价还价将近半年的时间，最后决定把这块地皮买下来，在这里盖一个全市最大的购物中心。合同签了，买地的钱花出去了，设计图纸做好了，当地的团队也开始招聘人，工程队也入驻了。当各队人马都热火朝天地开干三个礼拜后，现场工程队的总监来电话告诉我，他们施工的时候，突然发现地下有国防电缆。我当时就傻眼了，国防电缆都是有明确标识的，为什么在购地时各种图纸、文件都没有告知呢？总而言之，这个地是不能再挖了，因为法律明文规定禁止触碰国防电缆，而我们要盖的是五层高的购物中心以及配套的高层写字楼，这样的建筑设计必须要深挖地基。怎么办？当时，团队内部有两种意见：一种意见认为我们把五层楼改成两层楼，做成一个轻便型的购物中心，找一个理由向上面说明情况，同时压缩规模减少投资风险，这样还能勉强让这个项目做下去；我持反对意见，我认为这就是我们的错误和教训，我们得坦然承担。如果盖成一个不伦不类的卖场，日后无论是商场扩容，还是整个商圈的后续经营，都会出现大问题。于是，我向董事会承认错误，因为我是项目的总负责人。报请董事会批准后，我们立即停止一切建筑施工，扣除前期的投入，再把这块地皮贱卖给别的公司。这个时候，大家都已经知道下面有国防电缆，所以地价卖不上去，公司因此损失了一大笔钱，我自己也被罚了半年的薪水。我的个性让自己不会在错误决策面前不承担，但同时，我内心受到很强烈的打击，倒不是心疼自己的那点罚款，而是我绕不开这个结：自己从事管理多年，怎么能这么蠢？直到后来，有一天老板把我叫到他家里，喝了一顿酒，这是老板第一次邀请我到他家里做客。喝酒的时候，他就跟我说了一句话，他说："你们都是读过书的，肚子里装了很多洋墨水，不是有一位管理名家叫卡内基说过一句话吗？叫作'不要为打翻的牛奶哭泣'。"老板是军人出身，只上过初中，他比我大 15 岁。那一瞬间，我豁然开朗。其实，人最重要的不是失败或者犯错误，而是面对挫折如何重新来过。自己要告诉自己，再好的演员也有演砸的时候，再优秀的管理者也有失算的时候，再精明的投资人也有看错项目的时候。那个事件让我彻底领悟一句话：做出了的决定，就不要再为自己曾经做的决定纠结，往前推进。如果事实证明它是一个错误决定的话，那就接受事实，用下一次更好的决定来弥补它。

说到勇于承认错误，我脑子里总是闪过一个记忆深刻的画面。有一次我来到位于澳大利亚墨尔本的州立博物馆参观，这家博物馆收藏有一幅梵高的画。据介绍说，这幅名画大约是20世纪50年代收集进来的，在很长一段时间，这幅画被认为是南半球唯一一幅真的梵高作品，并成为该博物馆的镇馆之宝，放在了最为醒目的地方。无数当地的画报封面和博物馆介绍都使用这幅作品。直到十几年前，梵高的后人偶然来博物馆参观，看到了这幅画，断定这是一幅赝品，于是就把这个质疑告诉了博物馆方。博物馆赶紧组织专家再次鉴定，并反向追溯这幅画的来源，果然最后发现它是一幅赝品。这个故事本来到此可以翻篇了，堂堂的州立博物馆，这么多年引以为豪的宝贝居然是幅赝品，实在是自己打脸，很不光彩。可是，博物馆在调查之后的后续处理，实在让我既意外又佩服。他们依然把这幅画挂在最显眼的地方，并在底下用醒目的文字标注，介绍了这件事的来龙去脉，自己把自己嘲笑了一番，说博物馆几十年来一直以为最为宝贝的藏品，事实证明是一幅伪作。这段文字连同依旧悬挂着的绘画如此醒目，几乎每一个进入场馆的参观者都会见到。你可以说这是博物馆的一种自黑，但在我看来，这样的注释和坦白显示了一种胸怀——这件事，我做砸了。不遮不掩，反倒让参观者看到一份气度。

» 涨薪的技巧

没有任何东西比薪酬更受职场人士关注的了。

在职员工通常有三种薪资调整的情形：一是晋升；二是周期性调薪，如年度调薪；三是个人调薪。前面两种情况都比较容易理解：获得晋升，就得到新职级相对应的薪资；进入年度调薪，按照公司的统一规定，或者年度工作表现的评分，公司就给予一定比例的薪资调整。

比较难处理的是上面说的第三种，即个人调薪。个人调薪又分为两个方面：一是公司方面动议，即公司觉得某个人近期表现优秀，有突出贡献，由主管或者 HR 提议，为此人做一个薪资上调；再有一种就是由个人提出，员工觉得自己的薪酬没有完全反映其工作贡献，可自行跟公司提出调薪的申请。

个人向公司提调薪申请，需要特别小心，切不可弄巧成拙，尤其在国内的企业。外资企业对于薪水、报酬的讨论持比较开放的态度，我以前管理外籍员工的时候，有些人恨不得每隔几个月就找我提涨薪申请，被驳回以后，他的工作态度和积极性依然不受影响，主管也不会对其心存什么芥蒂。但大多数的国内企业，上司不太接受下属主动提出调薪请求。当你准备要向公司提出调薪申请的时候，有哪些注意事项？

首先，心态端正平和。不要觉得公司必须给我调薪，不要认为公司需要给我涨工资，这种心态在很多职场人身上经常看到，最常听到的一个理由就是：我都已经干一年了，怎么还不给我涨工资？这个心态是要不得的，容易让你陷入死胡同，觉得公司亏欠于你。久而久之，会产生一种埋怨和不满，一旦出现心理不平衡，什么事都会做不好。

其次，在个人调薪申请的时候千万不要搞类比法。所谓的类比法就是拿别人作为参照物，比如说 XXX 来得比我晚，他的工资为什么比我还高？或者说，XXX 的表现不如我等，这样的说法是大忌。且不说很多企业采取的都是密薪制，各自的收入是不能互相打探的；你一做横向比较，等于在告诉你的上司，他做事不公平，对方是一个笨蛋，这一来不知不觉地让人家站到你的对立面，这样的陈述角度对你没有任何帮助。别人上个月涨薪，自然有他的理由，你只需要提你的诉求。

第三，暗示很多时候比明确说出来更有效。所谓的暗示，就是巧妙地找到一个借口，让上司猜测到你有涨薪的期待，但是又不把话明白地说出来，这样做的好处是把主动权充分留给你的上司。如果上司觉得有考虑的必要，主动说出来便是对你的一种关心，这样更能满足他作为管理者的成就感。

具体到向公司提调薪申请的技巧，以下是几个比较有效的方法。

第一，抓住一个好的时间点。当公司有好事发生的时候，比如这个月的销售任务超额完成，新项目提前顺利上线，刚刚拿到新一轮融资……在这些时候去谈涨薪。俗话说，人逢喜事精神爽，公司也是这样，好事当头的时候，申请最容易被考虑。好事也包括个人的好事，比如完成了一件特别棒的工作，刚刚生了一个小宝宝，这都是属于个人的好事，用这种好事作为借口去提涨薪申请，恰恰是一个好的时间点。反过来，千万不要在公司经营状况不佳、公司运作处于比较压抑的阶段提出加薪申请，那就属于没事找事自己往枪口上撞了。

第二，如果调薪需要由人资部门协调的话，通过你的主管去跟 HR 提调薪，比自己找 HR 调薪更有胜算。很多人在这个环节失误，觉得既然公司规定薪资调整统一由 HR 负责，本人有调薪期待，应该直接跟 HR 说，反正 HR 也会征求上司的意见。这就错了，为什么？因为在是否涨工资这个问题上，主管会起很大的作用。如果你的主管投否定票，那基本上没戏。你首先要攻克的目标是主管，让主管认同你的申请，由他出面去跟 HR 提，哪怕他不想出面，至少提前让主管知晓，不至于给你增添负分。

第三，当提涨薪申请的时候，最好能给公司一个明确的表态。比如，如果工资能够上调 20%，愿意额外做哪些工作？因为从公司的角度，势必要考虑资源的投入和产出，公司多付 20% 的薪资，从公司的角度能得到什么呢？某一项工作现在没有人管，你可以承诺愿意接过来一起做，这样会降低公司在这方面的人力投入。或者也可以表态，说自己愿意在公司至少再继续奋斗两年，这样让公司觉得从稳定人才的角度是个理由。记住，获取与给予是一对伙伴，跟人家要什么，必须要有相应的承诺或回馈。职场上最忌讳的心态，就是总觉得公司欠你的，除非你是不可替代的技术大牛或者销售之王，要知道，绝大多数岗位都有更优秀的人才随时能填补位子。企业固然需要优秀员工，但离开一座夯实了的跑道，再优秀的选手也终无用武之地。

» 薪资与期权

企业给予员工的物质待遇，通常由四个部分构成。当然，不同的行业、职位、级别、个人的报酬结构和比重各不相同。

这四个部分分别是：

· 薪金。

· 福利。

· 短期激励。

· 长期激励。

薪金最容易理解，它就是我们所说的工资，包括基础工资、岗位工资。福利会因岗位和职级不同而有所不同。高阶管理人员可能有住房津贴、公司配备车辆、医疗保险、子女学费等，普通员工通常也会有饭补、交通补贴、逢年过节的礼品。短期激励通常就是我们所说的奖金、个人量化业绩指标或者公司超额完成阶段性目标计划以后给予的奖励。长期激励就比较复杂了，这里面的主要构成是期权股权，还有分红。

经常有职场人士面对这样的困扰：在接受公司薪酬计划的时候，不知道是应该更多选择长期激励，还是选择每个月多一点薪水落袋为安？

这个问题很难一概而论，有互联网大厂的前台员工在企业初创阶段入职，拿了一堆期权，等公司上市的时候，一下成为千万富翁；也有人辛辛苦苦干了几年，拿着最低的工资，每天加班熬夜没有加班费。原本指望靠这些期权翻身，结果公司半途折戟，手上的期权也就成了废纸。

期权和薪金如何取舍？在我看来有以下三点意见。

第一，考虑所处的位置。你对于企业发展的影响力有多大？或者，你的岗位是不是不可或缺至少是难以替代的？例如，企业高管、产品研发经理、网站的架构师、原料配方的调制师等，这些都属于很难被取代的岗位，称之为稀缺岗位。通常来说，稀缺性越高的岗位，所拥有的期权潜在价值也相对越高。因为，企业离不开你，企业如果能发展得好的话，期权收益也会更大。

第二，考虑加入企业的时间。从早期创业公司到成熟的上市公司，都有授予员工期权的做法。只不过越在早期的时候，期权的潜在价值越大，因为企业早期发展的升值倍数空间更大。很难设想，当加入一家成熟运作许多年、业务模式固定的企业，你的期权能有火箭式的飞跃，除非你是被招募进来做核心管理职级的高管，如公司总裁。当你加入肯德基，成为它的区域经理的时候，肯德基会发给你几百股股票，而这些股份即便在 3 年之内能够翻一番，也只相当于你总薪资的 20%。拿这点收益买只好手表犒劳自己是有可能的，再多就是异想天开了。而如果你加入的是一家处于 A 轮融资期的创业公司，一旦这家企业能够走下去，增值可能就是几百倍甚至上千倍。

第三，很重要的一点，考虑个人冒险的意愿有多高。期权与薪金，某种意义上跟理财投资是一样的道理。对于一些过于保守的人，可能会选择投资债券，低风险同时也必须接受低回报；另一些人则会选择投资矿业、生化、高科技这类高风险、高回报的行业。拥有期权其实也是一种相对高风险、潜在高回报的选择。

如果要说总体报酬各类别的分布比重，那么，长期激励占总薪酬比重最大，从岗位上说是高管，从行业上说是医疗科技行业。在我所熟悉的互联网行业，核心人才的薪资构成包括薪金、福利、短期激励、长期激励，四者之间的比重通常是后一项高于前一项，这样的薪酬设计，目的就是希望能刺激员工特别是核心员工要多努力，在努力提升企业价值的同时，个人也将获得丰厚的回报。以我本人曾经收到的来自一家全球前五位大型跨国企业中国区总裁的 offer 为例，具体的薪酬数字不方便公开透露，但四个项目之间金额的分配大致如下：

· 薪资：100。

· 福利：120。

· 短期激励：200。

· 长期激励：600。

可以看出，每月发放的薪水大约只占潜在总报酬的 10%。当然，短期和长期激励并非旱涝保收，拿到这个酬劳的前提是通过你的努力实现了企业的阶段性目标。

如果在工作中被授予公司期权，有几点需要注意。

第一，行权时间。行权时间通常从两年到四年不等。以 3 年行权规定为例，就是说当公司授予若干份期权的时候，总共需要在这家公司再服务满 3 年。注意是从授予日或者计算日开始计算的 3 年，而不是从加入公司那天算起。授予日之后的 3 年后，才能百分之百获得这些期权。如果中途退出的话，不同的公司有不同的收回规定，有的是按照每月计算，有的是按照年度计算。这里有一个小小的陷阱提醒大家要特别注意，那就是期权如果是按年度计算的话，很多期权文件在这里埋了一个小小的坑，就是不满一年不予计算。如果说第一个年度不满 12 个月不予计算，这个还勉强说得过去，因为你对企业的贡献具有滞后性；但是从第二年，也就是从第 13 个月开始，就应该是按月计算期权，否则如果任职一家企业 23 个月后离开，那么后半段任职的 11 个月就不会被计算期权，这样会吃比较大的亏。

第二，期权的行权价格。好的企业通常会给内部员工的期权提供一个较大的行权折扣，即用上一轮融资或者授予你期权时公司的估值作为基数，乘以 30%~40% 的折扣。例如，公司股票目前每股市值或者评估值 100 元，内部行权价 60 元，那么后面升值部分，才是你的获益空间。如果行权价格定得过高，员工能够兑现的利益就会被大大压缩。从期权行权价格的认定，大致可以看出一家企业的“人品”。如果是已经上市的公司，为了减少因期权数量发放过多导致股份的快速稀释，有很多企业采用限制性股票激励的方式，这种方式与前面提到的直接授予期权的不同之处，在于收益同样，但期权发放的数量减少。例如，A 公司发放给张三 10 000 股期权，行权价 10 元，当这批期权满足行权条件的时候，如果那时候每股价格是 13 元，A 公司转出 10 000

股，张三获益 30 000 元（税前），而 B 公司决定以限制性股票激励的发放形式，给予李四 10 000 股期权，行权价 10 元。同样，当这批期权满足行权条件，每股价格 13 元，B 公司只需要赠出 30 000/13=2 308 股，李四同样获得 2 308 × 13=30 000 元的收益（税前）。

第三，行权方式及窗口期。如果离开企业，公司是允许已经行权的部分继续以未兑换方式保留持有呢，还是必须在限定时间内用现金购买？如果已经离开公司，规定上又写明离职一段时间内必须用现金购买期权的话，这时候你会处于一个两难的境地：一方面，你在公司能否上市或者股权是否有出售机会这种前景尚不明朗的前提下，不敢贸然把钱投进去；但是如果不购买，又会失去这部分潜在权益。据我的了解，国内企业在离职期权行使上大多有 3 个月或者 6 个月强制行权这种不合理规定，这导致大多数工作多年但中途离开企业的员工不得已放弃期权。合理的期权方案，对于离职员工已经拥有的期权（如果公司已经上市）可以要求其在一定时间内兑现或者放弃，因为上市公司的变现方式很简单直接，其股权价格也一目了然。但如果是非上市公司，则不能硬性要求离职员工用现金买断期权。

第四，期权的转让与收益人。期权文件对于这种情形的界定，每个准备接受期权的职场人都要了解清楚。例如，涉及婚姻的财产、直系亲属的继承，等等。我曾见过一个期权文件，授予的是一家创业公司的首席产品工程师，上面没有列明该期权是否可做任何形式的转让，包括赠予其伴侣及家人。当时签署这个文件的时候，收益人还是单身，但后来其成家又离婚了，由此产生了一系列财产分割方面的法律问题。

在今天这个信息时代，期权作为长期激励计划的一个重要组成部分越来越被更多企业所重视，而且其覆盖范围也越来越广泛。很多创业公司、互联网企业，几乎把期权激励运用到了全体员工。对于职场新人，需要抓紧补这方面的知识，包括期权规范、税收机制、受益人的界定等。

» 输赢与对错

输赢与对错，是每一个职场人经常碰到的，当两者不能同时顾及的时候，该如何取舍？我们往往因此坐立不安，或者彻夜难眠。

如果把对与错作为一个横坐标，输与赢作一个纵坐标的话，大概可以画出四个区域。右上区是又对又赢的东西，左下区是又错又输的东西，这两个区域比较好区分。难就难在剩下的两个选择：右下区的“对 + 输”和左上区的“赢 + 错”。

这时候该做什么样的选择？我上大学的时候，国内刚开始引进国外的管理类书籍，我在一本外版书里读到一段引用的采访，内容是当时日本企业家稻盛和夫和记者的一段对话，这段话让我终生难忘。

记者问：“作为一名企业家，当您面对企业利益和民族利益相冲突、不能两全的时候，您会选择先照顾哪一方？”

按照常人的思维，回答者只能在两者之间做一个总不完美的选择，或者照顾自己的企业利益从而牺牲民族利益，或者为了服务民族利益而牺牲企业利益。

这位著名的日本企业家的回答是：“如果碰上这种选择的话，这件事情我不会做。”

毫无疑问，这是一个非常聪明的选择。我们在职场上也时常会碰到这类事情。某件事的处理结果对个人来讲是赢了；但是从道义上、从规范上来讲，这么做是错的。如果反过来处理，从道义和规范来讲是对的，但是个人则可能输掉这一局。

怎么办？

很多新闻里的报道，折射的就是这种无法两全的抉择：前些年报道的三聚氰胺事件；很多公司伪造产品资质，更改保质期；职场申请人造假学历，虚构职务……在互联网创业圈，我也见过不少创业者坚持不做假销售、不去刷虚伪的流量，从而导致融资失败。

大道理大家都懂，但是当牵扯到个人利益的时候，事情是很揪心的。当在升职中碰到了一个强有力的竞争对手，明明知道不应该去诽谤对手，心里也清楚不应该靠给上司送礼来试图为自己赢得一票，但是由于利益的驱使，很多人还是这么干了，而且很多时候这样的举动被冠以一个很堂皇的理由：识时务者为俊杰。

同样的一个问题，在不同环境下有着不同的答案。如果是生活中的事、家庭里的是非，我送一句很贴切的劝告，叫作“不与爱人论对错，不和父母争输赢。”当你和心爱的伴侣谈对错的时候，你再怎么正确都是错的。但是职场的情况则复杂得多。最简单的办法是，凡是涉及任何对且输或者赢且错的机会，都坚决放弃。我不是站在道德卫士的角度说这句话的，因为职场上竞争虽然激烈，但一个人如果失去底线，最终是走不远的，除非他已经把心安理得这个概念完全放到当铺里。那么，任何规范对于没有是非约束的人自然不再产生作用。我们都明白，任何企业没有理由做一件对且输的事情，这不是企业存在的目的，但如果你做了一件自以为会赢但却是错误的事，很可能把企业带入一场危机。有一种说法认为，职场上的对错与输赢的选择，要考虑人生的不同阶段：刚入职场时候更多的是“不怕”，没有什么包袱或者积累的名声，这时候可以胆子更大一些，以赢为上；到了职场的下半场，则要以做事“不悔”为原则，犯不着为了一些利益丢掉是非本真。这样的说法如今在职场上被广泛认可，但我觉得其中的道理很牵强。人作为一种高级动物，有思考和行动的能力，以及相对应的价值观，人不像机器那样可以每天调整为不同模式，职场上的是非观是一个人的立足之本。换位思考一下，如果你是一位老板，会把企业交给一个没有操守底线、为获利而不择手段甚至无视法律的人吗？人类文明发展到今天，不仅仅是诞生了很多新的发明，积累了很多宝贵财富，更重要的进步是我们从不计后果贩卖奴隶、从野蛮开采破坏环境，到如今我们意识到必须以法律、道德来规范企业的发展。正是因为如此，今天职场比以往任何时候都更加需要复合型人才，因为复合型人才懂得经营之道、懂得法律、懂得商业伦理。为什么各个国家的EMBA、MBA课程那么受欢迎？为什么知名学府的工商管理硕士供不应求？他们代表的恰恰是这个时代企业管理的主流：追求法律正确而且富有商业价值。

让我们换一个说法：对与错是“选择做正确的事”，而输与赢则是“以正确的方式做事”，两者之间缺一不可。具体到实际例子中，一家企业的员工严格按照要求从事生产，产品质量远远超过标准，这是以正确的方式做事。但是如果这个产品对标用户错误，没有选择做正确的事的话，势必导致没有买主。方向如果错了，就算细节做得再好、效益再怎么提升，终将难有结果。对企业以及职场人而言，坚持只做对的事情，比起坚持只考虑做赢的事情更加困难，因为这意味着或许将不被理解，更可能会因此丢掉眼下的机会，没有了基本的是非界限，于企业而言难以树立形象和文化价值观，于个人则左右摇摆，没有令人折服的人格形象。职场上最困难的地方其实不在于知道自己要什么，真正困难的是想清楚自己不要什么、有哪些边界是红线且无论如何不能触碰。想明白这个道理，剩下的就可以义无反顾、迈开脚步去做。哪怕最后未能达到自己的初始目标，至少不会因为迷失自己而留下遗憾。

» 频繁跳槽不是件好事

经常听人引用这样一句话：人挪活，树挪死，当一个职场人准备跳槽的时候，他用这样的话告诉自己，身边支持他这个决定的人也常对他说这句话。

职场跳槽如今越发成为常态。网上报道说，10 年前的中国职场，每个职场人在一家企业平均的停留时间是 3.5 年。10 年以后的今天，职场人在一家企业平均的停留时间不到两年，尤其是在北上广深这种一线城市，每个人更换公司、更换工作类别的现象越发频繁。

这里面固然有生活环境变化的原因，例如，人们如今更多地在不同的城市和地域间迁移，需要频繁换工作。此外还有一个内在原因，就是现在越来越多的职场新人，对待工作、职位越发随性，很多人都不太愿意委屈自己。一个很经典的现象是，当一个新人加入一家公司，一旦对工作环境感觉不是很满意，或者对上司不感冒，甚至有些时候与身边的同事相处不舒畅，就马上想跳槽了。

这种随性的跳槽，对于初入职场的年轻人来说其实并不可取。大家要记住一点：职场不是张扬个性的地方，如果希望自己的个性张扬，大可以关起门来写小说、搞创作，或者当一个独立的自由人。一旦进入职场，就迈入了一个彼此相互依存的生态圈。那种一言不合甩手就走的做法，绝不是职场人的健康心态。

职场里到处都是委屈的故事，没有人有权力让其他人受到委屈。但同样，不懂得承受委屈的人也难以在职场升职晋阶，这或许就是职场最大的悖论。在投行，多年来流传一句话，专门用来鼓励职场新人，这句话描述得很经典：from slave to slave driver（从拉车的过渡到坐车的），也就是我们平常说的“从奴隶到将军”。刚入职场的时候，你就是拉车的那个人，要承担所有最脏最累的活，得到的报酬最低，工作的时间最长，因为你一无经验、二无贡献。随着经验的积累，你慢慢地将从拉车的角色上升到乘客的角色。地位提升之后，收入就增加了，工作时间缩短了，责任也相应更大了。一名职场新人如果因为不适应工作环境而频繁跳槽，无非就是从一部车的车夫位置换到另一部车的相似位置，没有本质的角色区别。而且，频繁跳槽很容易让下一任东家产生顾虑。通常来讲，任何一家公司在选聘新员工的时候，其简历有这么几个维度是备受关注的。

第一，过往的几段工作，相互之间是否有比较强的关联性。我们经常看到一个人大学毕业 5 年，期间换了五六家公司，有医疗健康公司，有房地产公司，也有互联网新媒体公司，这几个岗位间几乎找不到相互承接的关联性，这是很忌讳的。

第二，在每一个岗位上所承担的职责有没有往上走的趋势。如果说你在 a 岗位上做一个专员，在 b 岗位上做专员，在 c 岗位上还是一个类似的办事员角色的话，那么用人单位可以判断出你的频繁跳槽并没有带来职位上的升迁，这个时候很容易给人得出这样的结论：你这个人很不善于自我塑造，或者自我调整能力不强。当然，大学刚刚毕业的头两年跳槽比较频繁，这是可以理解的。因为新人刚刚走向社会，对于自己更擅长于做什么职业还不是很了解，所以开始的一两年跳槽比较多，虽然这不是一件很值得炫耀的好事，相对来讲用人单位还比较容易理解。但是，如果连续工作四五年，每一份工作的经历都是只有一年到一年半的时间，那么你今后的求职之路会很不好走。而且，长期处于职场的入门层级，无形中会落后于原本都在同一个起跑线的同窗好友。

有这么一个“职场十字路口现象”的比方，即大学毕业的应届生离开校园步入职场，就好比由一辆公共汽车把这群人拉到一个四通八达的十字路口，汽车在路口的正中间停下来，所有人下车，每个人都被告知要离开这个十字路口往前走。但朝哪个方向迈步会更好，对此并没有明确答案，于是每个人稍作停顿，便四散朝各个方向走去。每个人在抬腿迈出第一步之前，几乎都有过思考和判断，并选择了自认为最正确的前行方向。

如果用一个延时拍摄的高空摄像机拍摄的话，画面依次展现的是如下的场景：

一群人拥挤在十字路口中央，四周的每条道路朝不同方向延伸开去，但每条路上基本都空无一人；

3个月后，十字路口几乎没有留下什么人了，除了零星的几个人影，大多数人正沿着各个方向朝前走着，每条道路都有人员前行的踪迹，速度有快有慢，但差别并不明显；

6个月后，每个方向继续朝前走的人数少了许多，更多人员的踪迹正显示出在折返。这些人现在认为，几个月前选择的这个方向是错的，必须作出调整。于是决定返身回到初始的十字路口，从另外一个方向出发。这时，不同方向的道路之间没有连接的小巷，改变方向的唯一路径只能是回到初始点；

5年过去，这个时候从高空摄像机已经可以清晰看出，当年同一趟班车下来一起出发的那群人，如今彼此之间已拉开足够远的距离，有人已经纵深前进了十公里，也有人只在三公里处，更多的人影还在最开始处那一小段路面艰难地挪动着步伐。

这就是坚持与反复的区别，至少对于初入职场的新人来说，有主意好过没主意，有韧劲好过机敏。最后领先于群体的那几位，几乎都是一开始认定一个方向且不曾再做返途的人。而且，当路线延伸到一定纵深阶段的时候，各方向之间已经有快捷的小巷可以串通。这个时候再改变方向，已经无须重新回到原点（就像职场人跨领域跳槽并晋升为总监职级，先前的资历积累大多是被认可的）。

总结一句话：不要做无谓的频繁跳槽。在你决定跳槽之前，你先要问自己几个问题：促使你想跳槽的原因是什么？这些原因、困惑、不爽，在你加入一家新公司以后会不会依然存在？又或者，新公司让你心动的理由是什么？是否抵消了你如今的不如意？如果你觉得现在公司的办公环境不好，上班时间过长，那么新公司是否有其他潜在问题你还没考虑到？例如新公司的上司可能更难相处，新公司离你居住地方通行的时间更长等。跳槽是一个提升自己、获得更好职业发展空间的好机会，而不是回避现有问题或者矛盾的出路。

不久前，我们公司有一位入职10个月的同事，他的部门负责人正在与人力资源部门沟通讨论这个人的调薪。就在这当口儿，当事人提出离职申请了，理由是：找到了一个离家近一些的单位。距离远近固然重要，但这并不是今天才出现的问题。他这一跳槽，将近一年的工作积累基本归零了。

第三篇

面试向来有技巧

读懂对方：你已经成功了一半

» 东京机场的面试

和所有职场人士一样，作为一名职业经理人，我有过无数次作为面试官面见各路候选人的经历，也多次作为候选人被别人面试。面试对象若申请的是管理岗位，其面试内容便会与纯技术岗位有所不同。在这里分享一段我以候选人身份参加面试的经历。

W 公司是全球最大的零售企业，大约在十年前，他们需要招聘一位中国区总裁。经过猎头的推荐，W 公司人力资源部副总裁，公司国际部、法务部、市场部负责人与我分别做了几次电话面试，W 公司的高管还曾两次飞到北京和我见面。前期大家聊得都不错，面试的最后一轮，我需要和 W 公司的 CEO 做一次面对面的洽谈。

对方时间自然是万分宝贵，一开始协商见面细节的时候，W 公司协调人提出想让我飞到美国面试，可是这样的话一来路途遥远，二来签证会产生时间上的耽误，于是我就询问是否能有其他更为折中的办法。这个商议过程来来回回历时一个多礼拜，有些类似外交谈判。最后 W 公司协调人提出，CEO 下个月有出访新加坡的商务计划，可以安排 CEO 在途中经停日本东京成田机场，而我则按照事先约定好的时间从北京飞到成田机场，双方在机场见面洽谈。除去转机时间，对方给我留出了三个小时的谈话时间。

这是效率最高的一种面试安排，这些年间，我至少有不下 10 次与大型企业老板或者 CEO 在机场见面进行商务洽谈的经历，而双方在机场面试，这倒还是第一次。

机票自然是对方安排的。到了预定日期，我准时抵达成田机场，来到位于机场商务中心的小型会议室。双方握手致意，依次落座。对方一行三人，分别是 W 公司的 CEO、CFO、一位董事。寒暄过后，对方先询问了一些我的个人兴趣爱好。我说我喜欢爬山、户外骑车，CEO 对此表示也有兴趣。他向我介绍说，他也是一位长跑的深度爱好者，有过两次波士顿马拉松的参跑记录。在谈话中，几个人都没有太多涉及我的工作简历，我估计对方已经从我的个人简历和过往的面试记录中有了基本了解。顺便插一句，在许多面试场合，面试者会让候选人详细介绍个人经历，我认为这如果不是为了评估对方的表述能力，那便是浪费时间。

15 分钟后，CEO 站起身来说："黄先生，我想请你跟 CFO 先单独聊一个小时，我去处理一些邮件，我们一会儿见。"说罢起身离席。

CFO 是一位中年女性，透着一股精干而又充满活力的劲儿。她自我介绍说，她从大学毕业加入 W 公司，到现在已经 20 年，她先后就职于审计部门、投资部门、资金策划部门，逐渐升职到现在这个岗位。她问我，对于中国市场，作为一家大型的跨国公司，到底是盈利更重要，还是追求市场规模更重要？

我回答说，这个问题难有一个标准的答复，需要依据不同的企业及不同的行业形态。更重要的是，要看所在领域的市场竞争处于哪个阶段。就零售服务业来说，大型跨国企业进入中国最主要的诉求无疑是想获得海量市场份额。过去二十年，中国零售市场年平均增长率都在 20% 以上，预计今后十年，这个增长速度将不会减慢。从绝对值讲，中国市场已经占有全球市场的 15%，但对于很多跨国企业来说，中国还只是其整体业务的一个零头，只占有 2%~3% 的销售比例。跨国公司的制造业比零售业更加重视和关注其在中国的经营。例如，美国和德国的几大汽车公司早已经在中国完成市场布局。如今，通用汽车在中国的销量已经相当于在美国国内市场的销量。而零售业，如亚马逊，虽然已经入驻中国多年，其在中国市场的销售仅仅占公司在美国市场销售的 1%，这说明他们看到了这个机会，但是并没有很好地布局和经营这个机会。

大型跨国公司进入一个新兴市场有所谓以金钱换时间或者以时间换金钱的战略布局。所谓的以金钱换时间的做法，就是在早期阶段，舍去对利润的追求、加大对资金的投放，力求用最短的时间达到企业所需要的规模临界点。

而以时间换金钱的做法则相反，其追求的是慢慢熬出规模来。就市场布局而言，大型跨国企业进入中国，但凡是新兴的市场业务板块，更应当采用以金钱换时间的做法拼速度，抢在对手的前面。例如，现在的电子商务、自有品牌零售、专业店会员制零售等，都还在市场开拓的早期阶段。而相对成熟的业态，如大型的百货公司、大型超市、建材市场等，现在若还想以资本输血占领市场，已经不太合适了。

我接着打了一个比方，零售就像捕鱼，先要弄明白，我们要捕的是海里的鱼，还是池塘里的鱼？当一个行业处于早期发展形态的时候，市场的机会和大多数用户就好比大海里的鱼，只要开足马力，就可以比别人抢先一步，将鱼收入自己囊中；而一个成熟的业务形态，用户基本上都已经成为别人家池塘里的鱼了，这个时候要想把别人家池塘里的鱼再抢到你的地盘里，则需要付出几十倍的代价。

中国零售市场的另外一个特点，就是资本对整个零售行业的作用力越来越明显，各种私募基金、风险投资、产业基金都瞄准这个容量巨大的市场板块。过去这些年中国经济的增长太过耀眼，大家都希望从中获得自己的一份利益。这种大环境下，作为一家实业公司，单就资金的体量和竞争力而言，远远比不上专业投资公司。我们的更大价值其实不在于资金本身，而在于我们懂得经营。资本方除了钱什么都没有，我们拥有的恰恰是资金以外的东西，如我们的经营能力、选品能力、用户管理能力，等等。如果可以借助与资本的结合，一同开发市场的新兴业务板块，或许可得到一个双赢的结果。

对方一边听着，一边不断地做着记录，很明显，我的这番分析打动了她。话题一转，她突然问我："您个人从事投资吗？例如，买卖股票或者其他的投资。"我笑一笑回答道："每个人都需要有个人的财务计划和理财，在这方面我做得不多。原因有两个：第一，我相信投资理财是专业人士的事情，这方面我是门外汉，没有那个自信；第二，投资需要大量的精力和时间，这也是我条件不允许的。所以我的做法，基本上就是把个人和家庭的理财，主要用在购买 ETF（交易型开放指数基金）上面。在无须耗费太多精力的情况下，ETF 能保证我取得公开资本市场回报的平均值，这就是我的目标。专业投资人的目标是打败平均值，而作为非专业人士，我的投资期待值就是达到平均值水平。所以对我来说，类似于 ETF、指数基金、大盘基金是最合适的理财工具。”

一个小时的沟通很快就过去了，接下来是与 CEO 的面谈。

CEO 有 50 多岁的模样，公开资料显示，他是从门店店长的岗位一路升迁成为 CEO 的。他抛出来的第一个问题是：外资企业在中国，到底应该更倚靠外籍人员从事中国业务的管理呢，还是更多聘用本土的中高级管理人才？

我知道这是无数跨国公司在中国的困扰。我回答说：30 年前中国刚刚开始走向市场经济，那时候缺乏各方面的人才，尤其缺少管理人才和专业技术人才。在那样的环境下，外资企业进入中国，必须派遣大量的外籍雇员，从而保证业务的快速推进不走样，保证管理的基本流程符合现代化企业的规范化运作。30 多年下来，市场环境已经发生了根本性变化。中国新一代的本土人才已经成长起来，他们或者在市场经济的环境下积累了多年经验，或者年轻的时候直接接受海外教育，因此他们和所有的外籍职场人士一样，熟悉并了解现代企业管理和运作的方方面面。而且他们又熟悉本土文化，了解中国消费者的购物习惯，这种优势是外籍人士所无法比拟的。我个人的判断是，外企在中国依靠外籍人士充当主管是一个阶段性现象，这个阶段现在已经过去，未来各大外资企业在中国的经营状况好坏，将很大程度上取决于管理人才本土化的推进速度。在这方面，就我们所熟悉的零售业和服务行业而言，几家外资快餐企业如肯德基、必胜客，它们在中国业务的管理人才结构基本上都是以本土人才为主，外加少部分非大陆籍的中国人或者华裔，这就是为什么我们作为普通消费者能够在中国的肯德基餐厅买到油条、豆浆和稀饭等中式餐饮。

说到这里我停顿了一下，并注意到对方听得很认真，我能感受到刚刚的这番分析引发了他的思考，我便决定沿着这个话题再做进一步的展开叙述。在商务洽谈和面试会晤这类场合，随时关注对方的神态动向、及时调整自己的叙述角度和话题长短，是把握会谈结果的关键。一个善于应对这种场面的人知道如何寻找对方的话题兴趣点，并顺着这个兴趣点传递信息，从而给对方留下好印象。话是说给人家听的，如果不注意对方对你的叙述是否感兴趣，而只是自顾自地洋洋洒洒说下去，反倒是个减分项。

我接着说，大家都希望赢得新兴市场，新兴市场除了拥有机会，还有一个很重要的特点，是新兴市场比起成熟市场具有更多的不可预见性。一家跨国公司对于海外新兴市场每个机会的判断是否准确，其影响程度远远大于成熟市场同样的项目。而每一个判断的背后是什么？人，人的能力。就中国市场而言，外企需要更加信任和使用了解中国的人和生长于中国的本地人才。我曾经拜访过 Y 公司，它是全球最大的在线零售企业，在中国已经经营多年，我去其中国总部拜访的时候是上午九点多刚上班，当时我记得很清楚，几乎所有的副总裁、部门总监都在忙着给美国打越洋长途，因为向总部汇报要考虑美国时间。可作为一家零售企业，按理说每天上班首要的工作，是落实推进当天的销售计划，你看这有多可笑。Y 公司在美国牛得很，在中国却失败了，它进入中国这些年，市场份额正在一年一年萎缩，其实没有任何对手在中国能够打败 Y 公司，是它自己把自己打败的。我旁听过他们中国区的高管例会，Y 公司居然有一多半高管是外籍，甚至连人力资源总监也是不会说中国话的美国人，会议的记录也用英文，看不懂英文的中国员工只好借助字典读英文纪要，真是荒唐。

随后我向对方分享自己的一个观察：过去 30 年，有很多美国企业到中国发展，凡是跟人打交道的美国企业大多不成功。而成功的恰恰是一些纯粹的制造企业，如通用、福特、波音，等等。我们抛开外在的政策因素不讲，作为一群听不懂中国话、看不懂中国字的美国人，如果要给中国人卖东西，管理负责人、销售负责人至少得知道中国人想什么、要什么吧？

在一旁静静听着、一直没有说话的那位董事这会儿插嘴问了一句：“可是有一些企业担心本土人才在执行企业流程和规矩上走了样。”我点点头，喝了一口水，接着回答：“这在很大程度上取决于对执行的管控，或者我们经常说的规范与标准流程，这与选择什么人来从事管理岗位、任命本国籍还是外国籍的人并没有直接关系。有些时候人们心理上总会有一些认知方面不适应的地方，觉得作为一家德国企业或一家美国企业，如果是由很多德国人或美国人出任高层管理的话，似乎很顺理成章，如果海外的管理团队都是黑头发黄皮肤的中国人，总感觉有些不习惯。但是很可能因为这种难以克服的不习惯，跨国企业会丢掉更多的市场机会。企业需要的是了解市场的人，是能够为企业创造价值的人，而不是仅仅是让我们看上去很顺眼的人。”

接下来我们用了很长时间聊彼此对行业发展的看法，以及对于消费趋势的判断，这恰恰是高级管理岗位面试的特点——人家更需要评估你的综合管理能力，听你描述对整个行业的发展的见解，哪怕这种见解对方可能有不同看法，但只要你言之有物、言之有理，对方就会认同你的价值。除此之外，交谈中经常还会谈到管理风格，用于评估你与对方企业文化氛围的契合度。就像这一次面试中，CEO 曾一度问我：“你对自己的自我评价，认为自己最突出的管理亮点是什么？”

当双方聊到作为一名高级管理人员的管理风格时，CEO 自我介绍说，他是属于放手型的，即所谓的例外报告。如果一个业务板块一切正常，可能几个月他都不找这位下属。我们还聊到结果导向与过程管控的平衡，我说这两者并没有一定之规。绝大多数企业都希望倡导更加以结果为导向的文化，但就零售行业来说，许多岗位是需要任务分解的，否则结果导向就是一句空谈。实行严格的过程管理，对于基层员工来说，能最大限度地让每人每天的工作流程简单化、环节清晰化。

这场谈话一共持续了两个半小时。隔音玻璃的落地窗外，一架架飞机无声起降。会面结束前 CEO 表示，希望有机会邀请我和他一起到美国西部旧金山与圣荷西的海边公路长跑，我则热心地向他推荐香港地区著名的麦理浩径，这条路径我走过几次，线路全长 100 公里，沿途要翻越二十多座山头。我们双方都深有同感的是，只要有机会能够丢掉手机、不接收邮件、不受繁杂事务的干扰、在大自然中怡然自得地休息几天，那就是最好的假期。

当天傍晚时分，我登上返程北京的航班。三天后，猎头知会我，W 公司准备向我发聘用 offer，并开始着手与猎头商谈薪酬结构及细节。

» 你所不知的竞业禁止

竞业禁止是这些年来企业劳资纠纷中经常出现的一个话题。许多职场人在这个问题上很受困扰。我本人过去20年所有工作的入职协议中，几乎都有相应的竞业禁止条款。同样，经我签字引进的人才有一多半也都伴有竞业禁止的规定。事实上，我也曾享受过竞业禁止带来的福利。对方是一家美国上市公司，入职协议中有竞业禁止规定，他们称为garden leave（后花园休息）。

竞业禁止的本意，是为了防止企业员工特别是业务骨干、关键岗位的技术人员和管理人员在离开企业以后，跳槽到竞争对手那里，从而有意或无意地泄露老东家的一些商业机密或者市场运作计划，给老东家带来不利影响。很多职场人在签订聘用合同的时候，面对这个竞业禁止条款，不知所措。如果提出质疑，对方的人资部门通常会说：这是制式标准合同，所有人都是这么签的，一句话把你搪塞过去了。

在这里我跟大家分享几点关于竞业禁止的相关处理注意事项。

第一，竞业禁止需要明确特定的竞争对手名单。如果没有准确的名单或者明确的界限，只是说禁止加入与本公司有业务竞争的同行，这样的条款在法律上往往不受支持。对手清单中如果仅仅是宽泛列出了几家同行大公司，例如，百度列出腾讯，拼多多列出天猫，这样的大厂名单在法律上也很难站得住脚，除非你的位子是公司的CEO、首席架构师这类特别高端的职位。一家拥有几万名员工的公司，不同的岗位有上千个，如果你只是公司的一名运营主管，法律上并不支持上千个岗位与你目前所从事的工种都适用于竞业禁止的定义。你要特别留意，具体列出的岗位或者职位界限是否合理。很多时候，企业采取了一个“铺毛毯式”的规定，例如，泛泛地限定市场规模排前三位、前五位的同类公司作为竞业禁止的范围标准。如果规定的条文是如此描述的话，你反倒不用太担心，因为它有明显的法律漏洞。

关于竞业禁止规范的严谨性，我举个例子。不久前，我儿子加入了一家投资公司，他是从事公开市场股票买卖的，协议里关于竞业禁止的条款是这么描述的：员工自本公司离职12个月内，不可以加入从事某国股票市场的专业化投资机构，且该机构在过去12个月股票的买卖构成与本公司的买卖记录有50%以上的重合度；也不可以加入在过去12个月内投资或者买卖价值超过本公司股权10%以上的上市公司，除非这种应聘或加入得到了本公司人力资源负责人的特殊批准。这个表述明确划定了所限定的竞业禁止条款的范围，是一个界限很清楚的规定，作为当事人，如果离开这家公司，会清楚地知道在竞业禁止的规范下，哪几家企业不能加入。

第二，作为支撑竞业禁止的相应报酬，必须要有明确的规定，或者在竞业禁止协议文本里写明，或者以公司员工管理制度的形式颁布。如果公司要求员工履行12个月的竞业禁止，则必须支付相应的薪酬作为补偿，否则就是单方面要求，在法律上不予支持。至于补偿的支付标准，据我所知，目前国内并没有统一的标准，比较常规的标准是过去一年平均收入的二分之一。我个人认为这个标准并不合理，既然竞业禁止很可能导致员工在这段时间无法找到合适的工作，从对等补偿角度来说，全额支付才是更为合理的做法。我上文中提到的garden leave（后花园休息）条款，就是每月按原先的薪酬约定支付，当然这是指固定薪酬部分。注意，有些企业会用社会平均最低工资来支付竞业禁止期间的员工薪水，这是不合理的。碰到这样的情况，可以拒绝接受最低工资的支付，同时诉诸法律。

第三，当准备加入一家企业的时候，如果碰上对方的聘用合同有不规范的竞业禁止条例、人事部门又以统一制式文件不能修改为由来解释，但又不想丢掉这个机会，该怎么办呢？告诉你一个既保护了自己、又不至于太得罪人的巧办法。你可以在入职的第一个星期给人力资源部门写一封邮件，说明对协议里关于竞业禁止的规范存有异议，如对竞争对手的定义、竞业禁止的时间、相应的补偿措施有异议。你把存有异议的这些问题明确提出来，用邮件发出去，并自己存个档，这就是自我保护。

第四，提倡和遵循契约精神。这几年由于违背竞业禁止规定，员工与老东家之间产生的纠纷逐年增加，特别是在互联网行业。一方面，这是由于互联网行业是快速发展的新兴行业，“挖墙脚”现象更为常见；另一方面，也反映出许多职场人士缺乏基本的契约精神。例如，前一阵子一位员工从某网站离职，在该网站就职期间，她与该网站签署了《不竞争协议》，约定了其任职期间和离职后的竞业限制义务，以及相应的竞业限制经济补偿费。但该员工在离职后即入职了与该网站存在竞争关系的另外一家视频公司，从而引发了一起备受关注的劳动仲裁诉讼。很多资深的人力资源负责人私下表示，竞业禁止协议在许多时候形同空文，如果出现离职员工的违规现象，多数企业选择忍了低调处理，少数与离职人员利益特别攸关的企业则会采取远比仲裁更为激烈的手段进行惩罚，甚至有的企业会彻查离职员工在职期间的职务犯罪证据，走法律起诉的路径。在我看来，现在大多数职场人士对于竞业禁止条款普遍缺乏足够的重视和遵守意识，觉得自己与公司签订的劳动协议需要遵守，而与劳动合同一起签署的《保密协议》《竞业限制协议》只是一个走过场的形式。这个想法是错的。凡是双方自愿签署的文字本身都具有法律约束力，除非其内容与法律规范不相符。从个人职场发展的长远着想，如果你遵守契约而舍弃一些短期机会，是利大于弊的。在很多时候，契约精神的积累比财富的积累更重要。你因为遵守契约，很可能在不经意中获得未来用人单位更多的青睐。在职场中有个成形的游戏规则，就是一个人越是了解游戏规则，通关所需要的时间越短，而契约精神恰恰就是游戏规则的一部分。契约精神不仅是外部对一个人的要求，更是一个人内心秩序的构建，一份个人信用资本的积累。

我曾经处理过这么一件事。有一次我们准备招聘一位总监，一位候选人刚刚从一家互联网大厂离职，身上带有竞业禁止条款。在我们面试结束、谈到入职条件的时候，候选人提出他还受制于竞业禁止条款，且受约束的时间是 6 个月，而彼时他离职刚刚 3 个月，即还得有 3 个月的等待时间。对方很坦诚地把问题提出来，这是一个值得赞赏的做法。我意识到只有两种办法：一种是我们等待 3 个月以后再请他入职，一种是由人力资源部门出面和对方的前东家沟通。我当时选择了后一种办法，因为这种消息迟早都会被对方的原公司知道，与其遮掩，不如直接洽商。最后的结果是这样的：对方原公司支付了这位员工 6 个月的竞业禁止补偿金，扣除已经完成的 3 个月，剩下 3 个月的补偿金由该候选人退还给他的原公司，我们则做相应的经济补偿，把他退回的这 3 个月补偿金以签约奖励的形式支付。这样的处理方式各方都皆大欢喜。

» 金领薪酬的秘密

金领这个词一直充满着神秘感。

金领位于职场金字塔的顶端。严格意义上说，金领代表的是大企业大公司最核心的顶层管理干部，也就是人们通常称的“O 职级”人员，比如 CEO、COO、CFO、CMO，以及一些副总职级的人，包括首席设计师、首席架构师等。

大多数人羡慕金领的待遇，特别是现在电视剧里扮演的这些总裁们有多高的年薪、多好的专车，连身边的秘书都漂亮。其实，这里有许多误导成分，至少我周围的这些金领们，一个个都是睡眠不足的亚健康模样。原因很简单，只有付出才有收获，作为金领，固然得到高于普通员工的收入和待遇，但他们肩膀上的任务，是要为企业创造更多价值。作为曾经的上市公司首席运营官，我以自己的经历告诉大家，每次季度财务报表出台前两周，我几乎天天都睡不了安稳觉，因为资本市场喜欢用脚投票，核心数据但凡有些偏差，股票价格立马会波动。投资人认为上市公司的季度表现理所应当该符合预期，股票价格体现的就是预期价位，如果实际数据低于预估，四面八方的压力就会接踵而来。

高端人才无疑是现代经济发展的重要推动力，这一点无须论证，全球的经济发展从来没有像现在这样高度依赖人才，特别是高端管理人才。数据表明，美国五百强企业 CEO 在过去三十年的平均个人薪酬收益增长了十多倍，很多人质疑：同一个时间段的企业升值并没有这么高，员工的平均薪金上涨幅度也远远低于这个增速，这是否意味着高端人才对社会的巧取豪夺？

抛弃收入差距与收入平等这样的社会话题不讲，这种快速增长的薪酬结构，客观上表明大企业对优秀管理人才的需求更为迫切，而人才供给则出现短缺。我喜欢阅读军事方面的书籍，曾经在一本书里读到过一段战争状态下描述将领能力的话，它这样写道：古往今来，不管哪个朝代、哪个国家或地区，随便找个人都能带领几百人打仗。好的军事将领带领几千人、上万人也没问题，但通常最多三五万人就是上限了。能指挥十万人以上的将军，都是天才。我记得这本书中解释说，拥有十几万甚至几十万人的军队，在古代冷兵器时代，排起队来就得有十几里地；若是打仗攻城，可能前面的人都已经打完了仗，后头的人还没走出军营呢。若再加上步兵、骑兵、弓箭手、长矛手等多个兵种，以及粮草给养，没有点特殊才华的普通军官根本驾驭不了这么庞大的队伍。同样，过去三十年，随着信息化技术的快速发展，企业需要应对的是不断高速变化的市场环境、随时改变的用户需求、层出不穷的新兴科技、越发复杂的法令条规、不同地区企业运作的管理要求以及雇佣员工的烦琐规定。也就是说，大型企业的领导者，如今更多的是一名复合型人才，不再是一百年前只要像爱迪生一样有发明绝招，就能领导一家知名企业。那么，这种复合型人才，从资源的供给上相较于单一性人才更加稀缺，例如，计算机开发主管、财务主管、市场主管，等等。况且我们的教育也大多培养的是专业知识为主的专才。当然，专才无疑是需要的，但今天绝大多数企业都严重缺乏有综合管理能力、能够驾驭如今复杂多变经济环境的复合型人才。我个人的判断是，在今后几十年，这样的人才缺口还会进一步加大。

经济快速成长环境中的人才需求与匹配所呈现出的另外一个明显的问题，是管理人员的年轻化进程加快。过去三十年我们经历的社会发展速度是过往几百年甚至上千年的总和，但我们的人才观依然停留在几百年前的观念上，我们还是觉得企业管理要多设几个台阶，每个台阶有几年的门槛，当一个人从拉车夫的角色熬到坐车人角色的时候，大概两鬓开始发白了。当今时代，学习不再是一次性充电满格、一生慢慢使用的场景，企业也不再是今年只是去年 90% 的重复加 10% 优化的概念。自古英雄出少年，中国人喜欢尊称医术高明的医师为老中医，这里的“老”是一份尊称，类似于英文的 Sir, 而不是指年龄。扁鹊、华佗都是少年成名的，花白胡子走街串巷的游医充其量只是混饭吃的江湖郎中。

因为工作复杂多维，要承担的压力巨大，金领的待遇的确一年比一年高，当然各个行业的标准不一样。例如，在科技行业和互联网行业，金领的薪酬弹性比传统行业更大。也就是说，业绩表现好坏对其薪酬收入的影响更为明显。如果一定要大致说一个平均值的话，员工规模至少数千人以上的一家企业，其最基层员工与金领薪资之间的差距，如今大约是20~50倍。

但这只是人们所看到的工资部分，它还不构成金领总报酬的主要来源。金领收入中最具有挑战性、也是最可能获利丰厚的部分，是其弹性收入。

弹性收入，主要来源于公司业务的增长和收益提升的分享。通常金领员工对两个专用词语很熟悉：STI和LTI，即短期激励和长期激励。

短期激励就是完成年度或者特定阶段量化指标后的奖励，通常是现金、全家度假的福利，大手笔的公司还会发汽车以及住宅。长期激励就是期权、股票。如果一位优秀的金领在一家薪酬体系诱人且成长快速的企业从事高层管理，他带领团队完成阶段性目标，其总体收入包括薪资、短期激励、长期激励三个部分的话，这三个部分很有可能达到1:2:7的比例。换句话讲，薪酬只占其总收益的10%左右，他的总收益是他的工资十倍的数额。当然，这是有挑战的，前提是阶段性的任务必须完成，否则一切都无从谈起。

为什么职位越高，弹性部分的收入比重越大？因为随着职位的上升，你能够影响甚至左右公司价值变化的能力就越强，给予金领们更大比重的弹性收入，可以刺激高管的工作积极性。

我国古代也有东家（老板）和掌柜（高管）分润的做法，道理其实是一样的，都是希望让位居职场顶端的人能够有一种公司挣钱、自己也能有一份额外收益的感觉。

很多年轻的职场新人对金领的弹性激励结构还不太了解，所以当你有机会晋升或者申请金领位子的时候，不必太在意这个位子每个月的工资是多少，而要看企业替你设定的打包价，即offer package都有些什么内容。有些名词你可能现在还不熟悉，但如果想有朝一日晋级高管，不妨提前了解一下，如

sign on bonus（签约奖金）、re-location allowance（搬迁补助）、family allowance（家庭补贴）、medical and health cover（家庭成员医疗保险）、tax equalization（税负均衡计划）、retain bonus（在位时长奖励）、short term incentive（短期激励）、long term incentive（长期激励）…… 没听说过？ 那就说明你从来未曾享受过这些内容。英文里有一句话如下：You do not have it if you do not know it（你都不知何物，说明你不曾有过）。

不过这些高工资好福利都是后话，先在职场的金字塔往上爬升几级，才是眼下最应该努力的。毕竟千里之行，始于足下。

最后说一个参考数字，作为刺激你努力向上的动力。20 世纪 90 年代我在上海某零售行业工作，那时候一位白领一线主管的月薪大致为 2 000~3 000 元人民币，而同一家公司一位金领高管每月的住房补助是 30 000 元人民币。

» 这个动作录取了她

有一次，公司需要替我招聘一位新秘书，原来协助我工作的那位专职秘书在内部升职了。经过人力资源部门的初试筛选，公司向我推荐了三个人选让我面试。其中有一位女孩，对她的面试刚刚开始不久，就被同事的敲门打断，说是有一个很重要的国际长途。那时候还没有手机，国际长途一般都是特别紧急的事。我只好跟对方道歉，说通常情况下，面试的时候我是不会被其他事情干扰的，不过事发突然，这个电话比较重要，很抱歉我得出去接一下，大概 10 分钟，麻烦稍微等一会儿。说完，我就离开了面试的小会议室。

接完电话回到面试室，刚坐回到原来的座位，我就注意到一个变化。

面试所用的这间小会议室的墙上有一幅中国地图，可能这幅地图悬挂在那里的时间比较久，它左上角粘贴的胶条掉下来了。记得已经有一个多星期了，每天好几拨人用这个会议室，却一直没人动一下手把它粘贴回去。刚刚我们面试开始的时候，我就注意到墙上的地图还耷拉着一个角，这会儿我却发现，地图的那个角已经被粘上去了。我有些好奇地问这位候选人："这是你弄的吗？"对方回答说："哦，我刚刚在这边等着没事，就顺手把掉下来的那个地方给粘上了。"

对方只是一个初级职员的岗位，而且经过了人力资源部门的初试，文字能力和专业度方面应该没问题，公司让我进行复试的本意是寻找其中哪位人选与职位的匹配度更高，同时看看日后与我共事的默契度。我不得不承认，类似这种通过复试对候选人的判断，直觉往往起到了很大作用。

在这一瞬间，对方的这么一个动作，让我打定主意，这个人入选。

后来我们共事了一段时间以后，有一次在闲聊的时候，我说到这个场景，我告诉她就是这个不经意的动作成为她入选复试的主要原因。她觉得很意外，说她反正当时没别的事，就随手做了，并不是要刻意做什么。我说是的，你如果是有意借助某个动作或者某处场景来增加印象分的话，那就不是这个味道了。这种不经意的动作，恰恰体现了一个人的性格：细心，眼里有活儿。

小时候外婆经常说这句话：眼里有活儿的人，做事都不会差。她评价自己以前的两位女佣，总是说：水花眼里有活儿，不用叮嘱，她知道该干什么。

“眼里有活儿”在今天的工作场合，常常体现为工位边上的垃圾桶满了能弯下腰来做一个清理，饮水机水桶空了能停下来换上。多数人对这些细节熟视无睹，而留意做这些事的，恰恰就是眼里有活儿的人。很多人错误地以为，公司里是有职责分工的，既然是没有人注意的小事情，而且也不是自己分内的工作，何必多此一举？有一部美国电影叫《实习生》，讲的是一位退休老人在一家电商公司返聘上班的事。其中有一个镜头：一张堆满杂志、书籍、快递盒的长桌横在办公区中间，每个人经过都皱一下眉头，但没人想停下来做一下清理，大家一方面觉得这么一堆垃圾摆在显眼的地方好难看，但同时理所当然地认为，这并不是我的事。连公司的女老板也只能叹息：事情太小，总不能下指令要求谁来做这

个事吧！直到有一天，老板上班经过，发现这张多日零乱的桌子被收拾得干干净净，再一打听，原来是那位退休老头悄悄干的，她从此注意起这位刚刚入职的老龄实习生。

“眼里有活儿”不是一种表演，而是一个习惯；不是为了讨好别人，而是在帮助别人的同时，很可能就在不经意间成全了自己。职场上一个人下意识的举动，构成其人设，这是一个习惯的流露，并不是靠刻意的规范能够左右的。例如，我注意到如今各大办公室的一个普遍现象，即当一群人离开会议室的时候，墙上的电源开关很多时候是没有想到顺手关上的。我因为商务合作关系经常要拜访品牌推广公司，我不看重对方有多么豪华的办公室，但如果开会之后对方团队的人能够随手关上空调和灯光电源的话，那比起你告诉我你们将如何如何替客户着想更管用。如果你自己对细节节省的把控都没有基本概念，我能指望你替我们节约投放费用吗？

十多年过去后，上面提到的那位年轻小秘书成为一家互联网企业的自媒体总监。不久前我和她见面聊天，她告诉我一个有趣的插曲：她上个星期刚刚面试了一位推广经理，交谈下来一切都很满意，会面结束后，她把客人送到电梯口，自己回来端了一杯咖啡，站到十层办公区户外阳台上想透一口气，目光朝下望去的时候，无意中发现刚刚面试完的那位候选人从大门口出来，径直从中间的草地穿行而过，无视草地“请勿穿越”的提示。不仅这样，他还顺手就把刚刚拿在手里的塑料瓶丢在了地上。

就这么一个动作，原先被列为优先录用人选的名字被她划掉了。

» 728 面试日

我大儿子不久前刚大学毕业，他在澳大利亚读的是金融专业。

国外大学生最后一学年的主要精力大多花在找工作上面，各家企业每年都有一个应届毕业生的招聘计划，从学校招聘并培养新人。用我们国内常用的术语，叫应届毕业的管理培训，国外的这种招聘对每个应届毕业生来讲只有一次机会，作为应届毕业生如果失去这个机会，那就永不会再有第二次了。因为每年都有应届毕业生，企业每年针对应届毕业生的招聘都是只开放给下个年度的毕业生。所以，几乎每个面临毕业季的学子们都很重视这次机会，做足了充分准备，尽一切可能多地去投递简历，希望自己在毕业之前，能找到一份相对满意的工作。

应届毕业生在投资行业的竞争是最为激烈的，澳大利亚每年有上万名金融系毕业的应届生，但是顶尖的投行机构能够招聘的应届实习生可能也就是一二百人，基本上只有 1%~2% 的录用概率。哪怕加上其他中小投资机构的招聘，获得投资公司 offer 的应届毕业生也寥寥无几。因此，大家都削尖脑袋，尽量在申请信和简历介绍里表现自己的出众之处，包括从学习成绩、参加过的课外活动和公益项目、拥有哪些特长、如何理解多元化社会的和谐增长、怎么看待所申请的这家投行、对于对方的投资策略和主要投资领域有多了解……因为不同的投行有不同的风格，这些申请信都是需要有针对性地起草的，不像我们经常看到的那种一份简历投天下的应付了事。从投行录用的角度，企业同样希望能够把最优秀的应届毕业生招进来，为企业补充一流的未来人才。所以投行对于应届毕业生招聘都很重视，通常都是由合伙人甚至总裁挂帅招聘应届毕业生。为了鼓励更多学子们申请，知名投行还会安排专门的接待日，给对企业有兴趣的申请人提供免费参观、喝咖啡、送纪念品的机会，做足了热情邀请的文章。

既然双方都很热切，按照我们的惯性思维，那就先下手为强啊！如果公司收到申请信以后马上做初步筛选，早一点发面试邀请，不就可以捷足先登、提前锁定最为中意的人选？

可是且慢，如果你是一家公司的老大或者HR负责人，站在你一家公司的角度这么想可以理解，如果放到整个行业的年度招聘运作，问题就来了——多早算早？

如果A公司计划五月份开始招聘的话，B公司为什么不可以更早一点，即过完新年就着手做校招面试。然后C公司呢？

有意思的是，在澳洲投资界，至少有几家顶尖投行的安排很有趣。他们彼此间遵循一个不成文的约定，你如果没有亲身经历，很难体会这个约定是一种什么样的滋味。

这个不成文的约定是什么呢？就是每年的7月28日中午12:00以前，任何顶尖投行都不能向应届生发面试邀请。为什么选择7月28日这个日子已无从考究，据说如果这一天是周末的话会调整到临近的周五，但是几十家投资机构就这么有默契地年复一年地将约定遵守下来，不得不佩服这份行业间相互的信任和自律。按理说企业之间都是竞争对手，对人才的争夺历来十分激烈，但彼此在新人年度招聘上能有这种大家都自觉遵守的自律，实在难得。当然，这不是我想分享的重点。

既然各家公司都遵守7月28日中午12:00以前不能发邀请的惯例，也就是说，12:00就是开闸抢人的第一时间点，那么几乎所有的主要投资机构都会在7月28日中午12:00这一瞬间，抢在第一时间，将面试邀请通知到中意的申请人。那股争分夺秒的劲头，有点像我们电商行业年度大促销做零点特价商品秒杀的模样。

既然是中午12:00开始，那最快的传输方式毫无疑问是电话，发E-mail也好、发信件也罢，都不可能在瞬间直接得到对方的回复。如果用一个电影镜头来演绎的话，画面大概是这样的。

上午11:00多，无数应届毕业生们正规着装，男生领带西服、女生职业套装，一手拿着个人资料，一手握着手机，心情激动又忐忑不安的一群人聚集在城市 CBD 的咖啡馆、图书馆，或者市中心校园的某处大厅。因为投资机构基本上都在 CBD，所以学生们通常选择就近的场所等候。

我曾目睹这个场景。那个时刻，在这片年轻学子聚集的空间里，空气仿佛是凝固的。

11:50，我进入一个大学的阅览室，这个地方在 7 月 28 日当天被应届毕业生们相约用来作为等候的场所。只见现场一片安静，我数了一下，阅览室里有近百人，所有人都正襟危坐，所有人都一言不发，每人手里拿着一部手机，空气里弥漫着一股焦虑感，大家都在紧张地等候着。

时间一分一秒过去，全场寂静，安静得连一张纸片掉在地上的声音都能听到。最后几分钟匆匆赶过来的一两位学生蹑手蹑脚地走进来，不曾发出一点声音，相互认识的人最多也就是点头示意，没人开口说话。

这就是那些平常喜欢嬉闹玩笑、听课都不安神、见面总是相互要捶几下肩膀或者击掌问候、浑身上下充满青春荷尔蒙的大学生们？我实在很是惊讶。与此同时，我的目光注视着墙上挂钟，无数双眼睛和我一样，都紧盯着这个显示时间的地方。

12:00，时间一到，原本异常安静的场所突然换了一副模样：只听见我的前后左右各种各样的手机铃声陆陆续续地响起，犹如现场交响乐一般。

铃声响起的同时，便是接听和对话，人群中传来此起彼伏的交谈声。有的人走到角落，有的就原地站着回答，还有个别人为了找个安静点的空间，一边说着一边朝门外走去。现场一片热闹，和几分钟前安静焦急的氛围形成强烈的对比。

也就仅仅持续了那么十几分钟，第一轮该响的电话都响过了。我在现场听到的好几个电话交谈的内容都大同小异：我是 XX 机构的 XX，我们收到了你的简历和申请，想约你今天下午 2:00 或者 3:00 过来面试。

你可能会有些奇怪：为什么这么赶？为什么非得当天下午就安排面试？

我是在现场体验后才明白这其中的道理的。因为投资机构要抢人！早一点面试，如果合适，就能早一点锁定人选，把公司认为合适的人拉到自己的门下。

这里有一点需要说明的是，企业有不随意提前发邀请的默契，所有应届生也有一个彼此都遵守的惯例：一旦签字同意去某家公司，就不可以再接受别的公司的 offer。

否则呢？

没有否则，因为极少人会这么做。况且，这是一个小小的世界，几家投行机构的 HR 都会互相通气的。一旦签字接受 offer，随后违约不去报到的话，那就几乎上了黑名单。契约精神在这个圈子里是被普遍遵循的。

回到上面的场景，大约 15~20 分钟过后，电话交谈声停了下来，场内又恢复了安静。当然，不同于刚才 12:00 之前几分钟的那种期盼而带有焦虑感的安静，这时候，差不多有 1/3 的人放下电话走出门，他们各自前往面试地点赴约，准备在接下来的面试谈话中展现自己，这些人是今天的幸运儿。而剩下 2/3 的人群，呆呆地在原地静默着。

场内无声，无声，空气里笼罩着一股极度的压抑，压抑。20 分钟前，现场所有人怀着同样的紧张与期待，所有人都在同一处起跑线上，焦急地等待着发令枪响。就这么一会儿工夫，被通知面试的人离开了，他们拿到了走向职场的第一轮淘汰赛的入场券，剩下的都是在今天这一次初选中落选了的学子们，他们精心规划的职业生涯第一步，失败了，连步子都还没有迈出去就被拒绝了。

他们和那些刚刚被通知面试的同学都是同班好友，曾一起打球喝酒，住同一间宿舍，上同样的课程，穿着一样的西装在这里等候机会。20 分钟前，大家的机会看上去是均等的，期待值是一样的。20 分钟后，那些收到电话面试邀请的人获得了首轮选拔的机会，而剩下的这些人，抱歉，今天他们没有拿到入场券，今天这个机会的窗口向他们关闭了。

OFFER

虽然说这并不是人生唯一的选择，虽然我们质疑这种仅凭申请信件来做应届毕业生面试第一轮筛选的做法的合理性，虽然剩下的这些人在之后还会有许多别的机会，但是所有人心里都很清楚：今天，是顶尖投行的面试邀约，接下来的任何机会，都很难与今天匹配。

极度压抑的空气里，我看到这些原本满怀期待的年轻人低头流泪、痛哭，甚至有人拿脑袋撞墙，有人把西装揉成一团甩到地上。我能理解，我自己曾经年轻过，也经历过类似的期待和失落，我完全感同身受。

置身于这个场景，我有两点深刻的体会。第一，职场真是太残酷了，有人高兴，必然有人失望。从期待到失落，就几分钟时间，而且是在一群同龄人的面前。第二，这份竞争的残酷，这份难以承受的沉甸甸压力，今天压在每一张稚嫩的年轻的脸上，其实未尝不是一件好事，或许这是社会给予他们的一份有价值的成人礼。这些大学毕业生刚刚要走向职场，在未来几十年的职场生涯里，这种被拒绝被解聘将是常态。有人被聘用，有人升职，有人原地踏步。每个职场人都必然会经历挫折，而今天的这份经历，会成为你将来历练最好的铺垫。

回头看现在国内许多职场新人，仅仅是因为下午老板在会上甩了一句不爱听的话，明天就一拍屁股不干了。你走了以后，这个世界不会因此停顿，你有没有想过，图一时痛快的后果是什么？是不是还得重新面对起跑线上的挣扎？一个不能受委屈的人在职场上是走不远的。曾经有一位入职新人指责公司，说他的上司不能够容错。抱歉，这里是企业，老板不是发钱让你干错事的。碰上有的上司愿意理解和包容你的过失，那是他的境界，不是你的权利。

年轻时面对挫折，恰恰能让人变得更为坚强。

我想起多年前父亲说过，男人入世之初，最好的历练，一是参军入伍训练，二是加入销售行列，这两个行业都最能打磨一个人的意志力。因为，军人学会了如何在艰苦条件下生存取胜，销售学会了怎样对待被别人拒绝与误解。哪个优秀的职场赢家不是经历无数次跌跌撞撞成长过来的。

» 面试的黄金三分钟

面试是每个职场人士都要经历的环节，市面上关于如何更好应对面试的指导书很多，不过大多偏于理论，实操性不是太强。我觉得那种《面试技巧十六种》之类的说教性文章比较误人，因为每个岗位的情况不同，每个面试官和申请人的表达方式与习惯也不一样，绝不存在放诸四海而皆准的套路。

毫无疑问，对待一场面试，应该有充分的准备：从着装、仪容仪表，到对被面试的这家公司基本情况的了解，还有对所申请的这个岗位职责的认知，等等，都是最为基本的准备，但这不是我今天要分享的重点。

我今天要分享的是，除非比较高端的职位或者专业性很强的技术岗位，大多情况下，当参加一场面试的时候，不管这个面试是多长时间，对于面试官来说，他对你的基本判断，通常就在一开始的三分钟之内。在这三分钟里他将完成对于眼前这个人选合适或者不合适的基本判断。三分钟之后，你和他的所有交流，包括他向你提出的各种问题，其实只是在试图验证前面三分钟所形成的那个判断。如果他的初始判断觉得这个人选合适，那此人被考虑录用或者推荐进入下一轮的概率会很大；如果觉得这个人选基本上不合适，那么他与你后续的问题和交谈，只是在试图佐证他自己的这个初始判断。除非后面的时间，候选人的表达和发挥强大到可以让对方从根本上推翻原先的判断，否则你这场面试结果基本上在一开始的三分钟就已经定格了。

几乎所有人在面试的时候，都不太懂得如何去把握面试一开始的这个黄金三分钟时间，这是你表现自己的最好机会，这时候在对方面前你还是一张白纸。前面几笔怎么画，主动权在你手上。一旦前面几笔没有画好，再想修正就很困难了。

通常情况下，面试官一上来会寒暄几句，然后会说：“来，介绍一下你的情况。”

这个时候，几乎所有面试者都会把自己的经历洋洋洒洒地说一遍：我是学什么专业的，我在哪里干过什么工作，我负责过什么项目，等等。

抱歉，你脱靶了。

这些都没有说到点子上。

你的学历、工作经历和过往岗位，这些都写在你的简历里面，对方很容易读到，这不是他关注的地方，这也不是他今天跟你预约这场面试最主要的诉求。他今天跟你聊，主要目的就一个，他要判断你这个人选和他们所需要的岗位有多大的匹配度。

是的，匹配度。

记住，人家是在寻找匹配度。打一个不太恰当的比方，有一个螺母掉了，他需要寻找一个新的螺母装上去，对他而言，再好的螺母，如果不匹配的话，毫无用处。当然个别情况下你特别幸运，你被对方发现可以胜任另外一个还没有公布出来的空缺岗位，因此意外得利，但那不是面试的常态。

一场面试刚开始的这三分钟，你要做的不是洋洋洒洒复述过往的简历、有多少闪光之处、得过什么奖、做过什么很牛的设计。你最需要做的，就是开诚布公地告诉对方，据你的了解，贵公司的这个岗位需要1234这四项技能，而你恰恰就拥有1234这四方面的能力。要很简单地说出几个与申请岗位相关的关键匹配点，用一种类似关键词的概述模式点到为止。例如，这个岗位需要新媒体市场的营销能力，而我的工作经验积累，恰恰可以用到这个领域，我擅长于新媒体营销的123这几种技能，这些和贵公司这个职位的用人需求高度吻合。所有问题点到为止，不要过度展开。如果对方感兴趣的话，自然会在随后的沟通中细聊。

站在对方的角度思考问题，人家之所以要选你，看中的不是你得过多少奖状，而是你的能力特长是不是对方所需要的人才，最重要的就是这三个字：匹配度。

在我三十多年的职业生涯里，作为申请人，我接受面试被录用的比例大约是80%。要知道高管岗位从入选首轮面试开始，通常要经历四到五轮，巧妙利用见面一开始的三分钟时间直接切入职位匹配度，让对方顺着你的谈话思路展开，这是我的经验之谈。同样，当我面试候选人的时候，如果对方一上来就说一堆过往的成绩和经历，通常不能吸引我的注意力，而且有些候选人自己口述过往工作简历的时候，时间节点还与简历材料上的日期不完全对应，这就实在不应该了。

从沟通心理学上说，申请人从匹配度展开叙述，多数情况下可以让面试官获得一个先入为主的正面的印象。你替对方着想，告诉对方你和这个职位是匹配的，如果对方相信了你的判断，他就会试图寻找正向佐证。哪怕他没有被你一下子说服，接下来他就得努力寻找，如何能证明你刚刚所说的匹配性不成立呢？这恰恰扩大了你的赢面，因为接下来话题开展的主动权更多地留在你的手里。从强调匹配度出发展开自我介绍，灌输给对方的是胜任和符合这个岗位要求的正面信息。你恰恰通过这样的信息强化，试图影响并引导面试人员进行正向判断。

善于把握面试刚开始时的这黄金三分钟，是申请人应聘面试的关键一环。如果对如何展开这三分钟的叙述没有充分把握的话，不妨事先做几次模拟演练，设想几个不同的场景和话题，让自己把组织好的话语说出来。这样的提前准备和练习，对于初入职场而且可能在面试过程中怯场的新人特别有帮助。顺便尝试一下，将自己关在一个封闭小屋，做模拟训练，把准备好的内容大声说出来，最好用录音录像的形式记录下来并反复调整几次——这样的演练方法有助于快速发现自己的问题，提前做好调整，从而让自己充满自信地步入面试会谈间，让初始三分钟的陈述成为你征服面试官的机会。

» 求职诚实不吃亏

求职过程很考验一个人的人品。

几乎每个人都有求职的经历：投递简历、面试、等待、商谈薪酬条件，等等，整个过程并不轻松。在求职的过程中有一个很重要的环节，就是应聘公司通常会让你填报过往的工作经历、职务、薪资，等等。在这个环节上，很多人犯了不诚实的毛病，而这种不诚实最后让你丢掉了很多机会。要命的是，大多数情况下，人家都不告诉你原因，你可能根本就不知道是由于自己的不诚实，导致你失去眼下申请的这个机会。

求职不诚实的表现，最常见的有以下几种：第一，放大自己的职位、职级，夸大自己过往工作岗位的作用；第二，虚构自己的某份工作经历；第三，有意拉长自己以往相关职务的在职时间，把一个原本一年的工作经历夸大为三年；第四，虚构自己过往的薪资和报酬待遇等。这么多年我经历了很多面试，当候选人面试初选通过以后，人力资源部门开始对其做背景调查，因为本人陈述的不诚实而被刷下来的人数，大概能够占到一半以上。这些人选本来已经通过了面试的初选、准备进入下一轮的，就是因为他们自我描述不真实而被刷了下来，同时也基本上进入了公司日后不再考虑录用的黑名单。通常情况下企业的 HR 不会告诉当事人其中的原因。既然此人的诚实度受到质疑，企业就没有必要再与这个人有太多的纠缠。曾经有一位求职面试的人，在上一家公司有过与同事发生口角进而打伤同事、被警察带走的记录，公司遂将他解聘。当他试图找新工作的时候，他给出的离职理由是：原公司搬离本市，这事一查就能知真伪。许多公司或许不喜欢犯过错误的候选人，但如果诚实说明，或许还有机会。撒谎的候选人一旦被核查出来，将不会被接受。

为什么很多企业会在这个环节上把自我陈述不诚实的人刷下来？很简单，对于企业来讲，诚实永远是第一位的。所谓的德才考量，德未必要求每个人是多高的道德楷模，但如果连诚实说明自己过往经历这样的事都做不到的话，人家怎么敢把事情托付给你，让你掌握公司那么多用户信息或者销售渠道的数据？几个礼拜前，我们要招聘一位销售总监，有一个人选各个方面的条件都不错，结果在做背景调查的时候，我们发现他在原先公司任职期为半年，是总监助理的职级，而他本人的申请表上填写的是其在这家公司任职总监两年。这种严重不属实的造假经历，让我们对这个人选的诚信度产生很大的怀疑，于是他没有被列入最终的考虑名单。

除了如实陈述自己的过往学历经历以外，对于自己的知识点和特长也需要如实介绍。对于许多正在职场准备参加各种面试的候选人来说，我有一点善意的提醒：你永远不知道坐在你对面的面试官都有哪些经历和知识。不久前我做过这么一个面试，职位是新媒体运营，候选人陈述他曾当过三年的编辑。他介绍说，除了简历上所罗列的工作经历以外，他尤其擅长二次元营销。这下子我来了兴趣，这刚好是我最近所关注的话题，我在自己的微信上还做过这方面的分享，于是就请他介绍一下什么是二次元。对方就跟我说了一堆百度上关于二次元的定义。我回答说："这个定义我理解，能不能具体请你说一下为什么叫二次元？这个称谓如何形成的？"我怕自己没有表达清楚，又追加了一句："我就是想听你解释一下，为什么叫二次元？"对方说："二次元是现在年轻人经常用的词，一种交流沟通的方式。"我第三次重复补充道："这个我理解，我的问题是它为什么叫二次元，而不是三次元或者四次元？这个二次本身有什么含义或者出处？"对方还是不做直接回答。到这个时候，这位候选人关于知识点的介绍，显然没有打动我。当我第一次问二次元的时候，我是想听听对方的意见或者名词解释，没有如愿；当我第二次、第三次再追问的时候，我心里面等待对方的无非就是一句话："很抱歉，我对二次元这几个字的来源还不是很了解。"或者说："对不起，我现在还不知道，能不能容我去了解一下，事后再告诉你。"不知者不为过，谁也不是百科全书，但撒谎或者搪塞、不愿承认自己的不知，那就是自讨苦吃了。

在职场工作或者面试的时候，当你不了解某个名词，或者当你做错一件事情的时候，承认错误其实是一种最好的自我保护。人不会因为承认错误而被别人看不起，反倒会因此让同事和上司觉得你是一个诚实且敢于担当的人。我以前负责大型公司的整体销售业务，对公司董事会每个季度都有一个季度工作报告，这时候需要汇报几个关键数字，例如，销售数字、利润数字、活跃用户数字、库存金额等的运营情况，以实际数字比对期初设定的预算指标。如果没有达到预期，作为业务掌门人，我需要回答为什么没有达到。我的做法是，只要某个关键的数字没有达到目标，我一定先说一句话："对不起，本季度这个数字我们离预算还差 5%，这是我的问题，我需要承担这份责任。"接下来再说具体原因和后续改进的措施。现在有许多职场新人碰到错误，碰到不了解的知识点的时候，喜欢顾左右而言他，好像错误都是客观的，或者都是别人的，非本人的力量能够掌控。你如果这么说、这么做了，不仅会容易引起别人的反感，也会封住了自己进步的空间。我想跟大家分享一句话：成就可以归于团队，但错误或者过失只能自己买单。尤其对于管理岗位，一旦想清楚这一点而且坚持这样做的话，你职场的道路将会越走越宽。

说到求职的诚意，面试准时到场，会面准时开始，这本是一个基本要求，但如今许多人却做不到。

先分享几个数据：我现在负责一家创业公司，面试的不少对象都是经理职级岗位的候选人。过去半年，由我本人接待的面试，大约有 80 位。我有一个习惯，对于每个面试者，自己都会做个记录笔记。刚刚我翻看了一下记录情况，我所接待的面试人员中，大约有 20% 的人迟到，或者临时不来放了鸽子。

但也有另一种情况是，企业约人面试，说好了面试时间，应聘者到公司后，却被晾在一边不能准时与 HR 见面，有两三成这样的企业会耽误 15 分钟左右的时间。

这里我想说的是：面试不是从双方坐定谈话才开始的。当企业和你预约面试，从那一刻起，面试其实就已经开始了，你的举止、着装、谈吐、到前台问询的态度，都进入对方观察的视野。说两个直接的例子：有一位女性候选人来我们公司参加面试，她到前台时和接待人员说："我是下午 2:00 应邀过来面试的 XX，抱歉，刚刚在路上不小心袖口的扣子掉了，我需要到楼下商场找裁缝补一下，大概会晚 10 分钟，麻烦转告一下接待我的张经理。"另外有一位面试候选人，他在电梯里打开一个口罩，随手把口罩的塑料袋往地上一扔，若无其事地走出电梯。上面这两个场景都恰巧被我碰上了，如果你是我，会做何反应？

同样，企业对访客的接待态度、是否守时、面试官介绍公司和岗位情况是否认真，也是候选人对企业评价的一部分。以我的经验而言，我步入面试室的时候对凡是迟到的面试者，心里的初始判断是否定的，对方需要以特别的表现来打动我，让我能调整或扭转刚刚的那份否定。同样，企业如果接待面试，把应聘者冷落一旁，约定时间到了却让对方傻傻等着，也别指望人家对你有太好的印象。企业和候选人在面试流程中需要注意两方面：一是面试从约定见面的那一刻就启动了；二是面试人选对于企业的印象，在很大程度上影响着他对入职这家企业的意愿和兴趣。一家企业待人和善、愿意交流职位的工作内容和发展路径，哪怕比别的公司提供的薪资略低，对方也很可能会选择加入。

» 秘书

职场中所有的行政管理类岗位，最让人们津津乐道、各种文学作品里面描述最多的，大概非秘书职位莫属了。市面上关于秘书的介绍和传说很多，人们经常喜欢给这个位置的从业人员贴上标签，如年轻、漂亮、知名学校毕业、懂得多种语言、高收入、体贴人、能干……前一阵子热播电视剧《精英律师》，里面的行政秘书栗娜身上有一种知性干练的气质，电视剧更是在社会上掀起了一股对于秘书一职的追捧。

文学作品总是喜欢靠渲染来博取眼球、挣得流量。然而实际情形与我们在影视剧中看到的其实大不相同。在我这些年的职业生涯里，曾经先后与七位秘书共事过。她们都是特别优秀的职业人，给我的工作提供了许多无价的帮助。今天跟大家聊一聊秘书。

首先，我们这里说的秘书是指的一对一服务的专职岗位，通常公司的老板、企业的高管因为工作的需要会配置一对一的秘书，协助老板或高管的工作。至于服务某个部门的团队秘书，不在今天我们所要讨论的范围之内。团队秘书的作用无疑是不可替代的，但从某种意义上讲，那个位置更像是一个部门助理的功能。

职场秘书的主要工作主要包含两个方面。

第一，协调与跟进。就是负责协调安排上司的各种会议、谈话、对外见面的时间，及细节的敲定，以及对各个事项进行跟进。这大概会占到一个秘书 80% 的工作量。

第二，事务性的处理。例如，帮助上司安排差旅行程，预订机票酒店，跟进公司的报账，帮忙预订主要员工的生日蛋糕等迎来送往的事情。这种事务性的处理通常来讲只限于公务。大多数情况下，秘书岗位不会涉及上司的个人事务。

所以从总体上说，秘书不是一个参与决定的角色。这个岗位本身不涉及任何决定，也不参与重要事端的讨论和发表意见，但是通常秘书都会事先知晓所有决定，参加决策过程。

那么什么样的人选适合于秘书的岗位呢？对此我有多年实际工作的体会。

第一，最最重要的一点，就是嘴巴要紧。知道不该说的话不说，不该表态的场合不表态。这对于很多年轻女性其实是具有相当的挑战。当你在饭桌上听到几个同事在谈论某个人某件事，大家所说的内容跟你所知道的真实情况大相径庭的时候，你是否能够管住嘴巴？

第二，要有很强的协调能力。秘书不是一个专才的岗位，除了要懂得文字处理这些基本的办公知识外，秘书更是一个通才。所谓的通才，就是从协助起草文件、收集准备 Excel 数据报表，到组织会议召开，所以重要事情都能在第一时间做出快速反应，做好跨部门的事务性协调。一位优秀的秘书，可以在不同团队工作中出现意见分歧或争执或者部门之间有冲突的时候，扮演一个从中调停的角色。这些都需要较强的协调能力。

第三，甘为配角。说来可能很多人不以为然，但这个恰恰是秘书这个角色所必须具备的一个基本素质。在很多时候，对于很多事情、很多项目，秘书都是知情者，但是秘书不应该让自己轻易成为参与者或者决策者，哪怕在很多时候有自己的意见或者见解。秘书就好比一场演出里的配角，需要用一份配合的心态去成全这场戏，使演出成功，而不是在意自己成功。

国外职场的许多秘书都是四五十岁，这些人是以秘书作为一份终身职业的，而不仅仅作为一个暂时的职业跳板，或者说吃青春饭。在这方面，国内的职场秘书还有待打磨。经常听人说："我都干了五年秘书了，还在这个位置上。"说到底还是不了解这个职位。为什么人事经理可以干到五十岁，而秘书不能？至少，我见过近百位世界五百强的 CEO 和总裁，他们的秘书绝大多数都是大姐甚至大婶级别的。至于有人拿相貌说事，那更是没道理。美貌从来就不是职场选择秘书的考量条件，恰恰相反，在很多情况下，优秀的老板或者高管们在选择秘书的时候，会有意避免挑选一些相貌特别出众的人选，因为相貌出众者可能难以持久专心地从事某项枯燥的工作。有句话这么说：上帝给你关上一层门，就会替你打开一扇窗，反之亦然。人一漂亮，在相对封闭的职场空间里就很容易吸引旁人的眼球，再加上身处老板或高管秘书这样的关键位子，不知不觉也会飘飘然起来，这时候你再让她每天十几个小时坐在一米二的办公桌前，忙着整理文件安排会议，确实有些勉强。至少，我在职场这么多年，还很少见到公司以相貌选择秘书的。至于着装优雅、举止得体，那是另一回事。

既然秘书只是一个配角，那么回过头来，对于选择这个职业的人来说，秘书这个职位有什么真正的吸引力呢？

大致上说，秘书岗位的吸引力有这么几条。

第一，这个岗位提供了其他岗位所难以匹敌的见识面。因为这个岗位接触的都是老板、高管，企业决策的所有过程和重大事项都能亲身经历，这能让从业者站在比其他岗位或者其他角色更高的高处，快速拓展和丰富自己的见识。任何人在职场生涯中有机会能与睿智且富有阅历的人一起共事，本身就是一份不可多得的收获。

第二，这个岗位的职位安全系数较高。毫无疑问，对于一些希望追求个人升迁的人来说，秘书职位能够提供一个比较快速的上升通道。当服务一位高管的时候，通常几年以后，如果表示出对某一项专业工作感兴趣的话，很有可能站在一个比较高的台阶上跳槽。秘书岗上升通道的落脚点大多是行政管理、项目负责人、公关经理，等等。同时，对于一名选择以秘书作为长久职业的人来说，这个位置比较安全，具有较高的归属感。这里指的是，如果秘书跟随的是一家企业的老板，那几乎就是终身不愁饭碗了。大家都知道，老板和高管的最大区别就是稳定性，高管可能三五年换一个工作，而老板几十年就守着一份主业。所以，那些给老板当秘书的人，工作二十年都很正常，这种稳定感和归属感，不是其他职位可以比拟的。

第三，秘书相比其他岗位，薪酬还是比较可观的。网上有报道说，某名企老板的秘书年薪能够达到百万元，其实，若秘书服务的是一位知名企业的老板，这个薪资并不夸张，因为任何行业都有自己的佼佼者，不是每个秘书都能做得那么优秀，何况几十年如一日每天需要早起晚归超负荷工作，理应获得较高的薪酬。

回到前面提到的，我几十年职业生涯里面曾经有过七位专职秘书，他们最年轻的是刚从大学毕业的应届生，最年长的秘书的儿子已经大学毕业。虽然说他们每个人的年龄不同背景不同，但是在不同时间段与我共事的这几个人，都是我所经历过的最为优秀的职业人士。他们身上有一些非常闪光的地方，值得今天的很多年轻人借鉴。一是任何事情能够提前想到，而不是等别人来催你。电话坏了，可否修下？会议室的投影仪灯泡坏了，可否修下？办公桌上有几本杂志是上个月的，还没有更换……这些细碎的事情，好的秘书通常会第一时间帮你处理妥当，不会等到上司去提醒。二是他们都能经得住高强度长时间的工作。职场高管和老板每个人做事的风格各有不同，但是有一点几乎毫无例外的，就是工作时间特别长，工作强度特别大。以我的习惯为例，我习惯于在上班之前召开管理会，有可能早上7:30就开始，一天下来最后一个会议或者讨论通常要安排到晚上7:00左右，接下来我还有一段比较集中的时间处理文件，包括签字、回复邮件、浏览最新的量化数据等。虽然没有一家企业明文规定秘书要等到上司下班后才能离开，但是好的秘书一定会坚持在自己的工位上，直到一天的事情结束、上司离开走后，才关灯锁门。三是他们都很能够善待同事，为人随和。这一点是我特别在意的。秘书这个岗位是一个类似助理或协助服务的专业工种，最让人诟病的就是有些秘书把自己端着，牛气哄哄觉得自己是半个老板，对待公司内部的同事有一种居高临下的态度，容易形成上下级之间的冷漠与隔阂。这在很大程度上不是秘书本身的错，往往是这位秘书所服务的上司纵容或者过分让秘书参与决策导致的。

» 入职工资怎么谈

职场人最关心的莫过于工资了。如何拿到让自己满意的工资，这是一个大话题。每个职场人都希望自己能合法地拿到更丰厚的薪酬，这一方面是对自己工作能力的一种认可，另一方面也是生存和改善生活条件的需要，这是人之常情。当你应聘一个职位，通过面试，公司准备录用你了，双方会进入商谈薪资的阶段。很多求职人在这个时候经常容易说：“我想要月薪 2 万元的工资，因为我的上一个工作的月薪是 18 000 元，我觉得给自己涨 10% 是很合理的要求。”

这样的表态其实很要命，容易引起用人单位的不爽，因为没有站在对方的角度考虑问题。对方首先考虑的是在公司架构里这个岗位所处的薪资结构，你过往的工资、过往的收入在下家眼中只是很小的参考值。一个严肃的 HR 是不会以过往的工资收入作为主要参考依据来发送入职邀约的。如果说你过往的收入比现在这个岗位高得多，那只能说明高位低就，在薪酬方面不是很匹配这个岗位，反过来亦然。谈入职薪资的时候，最重要的环节是岗位的匹配度，什么样的职位对应什么样的薪资条件，公司通常能够给予上下 10%~20% 的弹性空间，除非你是一个稀有的特殊人才，那就属于个案处理。

面对与将要入职的新公司谈薪资问题，候选人比较好的处理方法，是首先去了解这个岗位都有哪些工作职能，以及这个岗位的工资区间。这个数字与心里期待值有上下 10%~20% 的浮动是正常的，无论如何不应该以过往工资作为薪资谈判的理由，否则容易出现两种情况：一种情况，过往工资远远高于现有的岗位薪资带，这个时候比较严谨的 HR 就会放弃人选；还有一种情况，也不排除原先的收入其实比现有的岗位薪酬低了很多，你主动说出来，很可能意味着拿不到这个岗位所匹配的收入，至少只能拿到下限。应聘新职位，很多候选人总觉得现在的工资至少不能比原来的工资低。如果能比原来工资高 10%，这才是期待值。这种心情可以理解，但实际上不是一个好的想法，企业 HR 考虑的是岗位的薪资匹配。如果过分强调以前工资多少，反倒适得其反。

如果你与岗位的匹配度够，并对这个职位很感兴趣，但薪资期待值远远高于岗位的薪资，这里我告诉大家一个变通的办法，大多情况下可以有机会获得双赢。

比如说你希望拿到 2 万元的月薪，但这个岗位只能给到 15 000 元，这时候不妨诚恳地告诉对方，以你对行业薪资水平的了解，这个岗位以本人的资历条件要求，市场价格中位数也大致在 2 万元区间。同时顺带说出自己原先的工资是多少（这个是可以证明的，因为有工资条）。但是你接着表示理解公司目前对这个岗位只能给到 15 000 元的月薪，愿意接受这个挑战，同时可不可以有一个约定，如 6 个月后，如果能够出色完成岗位要求的话，公司给予一个 20% 的工资上涨，或者提供一个晋升机会。这才是真正的双赢谈判艺术——既没有丢掉现在的这个机会，同时又为以后的发展做了一个铺垫。

以我个人 30 年的职业生涯经历，我也换过几次工作，每次我都让自己做好新工作的初始薪资比原先减少 20% 的心理准备。为什么？因为原先的收入是在原来的工作岗位上、通过证明自己的能力进而得到的奖励或者回报，而新的公司还不了解你，不能要求新公司一上来就比照原公司的待遇。如果一定要这样坚持的话，将会丢掉很多有发展前景的潜在职业机会。入职一家新公司，如果岗位匹配且工作内容是你擅长的，你应该可以接受入门时薪资减少 20%，为的是在两年内整体收入提高一倍以上，这才是你真正可以大幅度改善的地方。

具体到与企业洽谈薪资，我有这么几个建议。

第一，了解公司的职级和定薪的参照标准，向人力部门询问所应聘岗位在企业内对应的薪资水平和企业的薪酬结构。同时，熟悉这个岗位在市场上的薪资范围，通常需要掌握的是该岗位市场薪酬的 50% 分位，75% 分位，90% 分位，这些都是可以从网上公开信息里搜索获得的。有了这些基础数字，你对于自己应该获得什么样的报酬心里才能有数。

第二，掌握好谈判节奏，在与用人单位的薪酬沟通中尽量不要先开口说出自己的薪资期待。当人力资源询问期待值的时候，可以礼貌回复对方：我相信公司对于这个岗位有相应的薪资结构，我能否了解一下公司的薪资？薪酬谈判方面有很多分享和辅导指南，需要指出的是，有不少布道者说谈薪资要像市场上买卖商品那样来回拉锯，先报一个高的出价，再一点点调整。这个做法我认为非常不妥，这是一种“自恋式”的思维，很可能会因此丢掉潜在的好机会。如果先报出一个很高的期待数字，试图探探对方的口风，再一步步讨价还价，容易给人落下一个不实在的印象，或者完全失去这个工作机会。如果必须由自己报出数字，对于在洽谈薪资中自己提出的数字，应当以务实为基础，更不能做无底限的松口，例如，有的求职者面试时报价 15 000 元，对方说这个岗位只能支付 10 000 元，求职者略一思考，就同意了，这其实暗示着你先前提出的数字基本不靠谱。

第三，争取薪资以外的其他福利。如果是企业高管或者技术大牛职位的话，薪资之外的期权，各种津贴等其潜在价值远高于固定薪资部分，当然这个不在我们的讨论范围，但即使是一个普通职位，可以寻找的额外收益也还有不少，例如，签约奖金、提前入职的额外津贴、适当的租房补贴，等等。如果有机会和未来的主管交谈的话，这类的福利要求向业务主管提出，由他替你向人力资源部门争取，往往会有较大胜算。需要知道的是，大多数企业对于薪资结构有制式化的标准，但津贴方面则是因人而异。当然，任何额外福利的要求都必须能自圆其说。我见过一个荒唐的福利要求：某个应聘者说自己刚刚买了一辆车，每月有 2 000 元月供，竟然希望公司每月多支付其 1 000 元。

企业在薪酬方面可以支配的空间总是大于个人空间，人才对于企业来说是资产项而不是费用项。懂得用人的老板们知道，能用钱解决的问题都不是大问题。很多时候不在于人家能不能给你这份薪酬，而在于你能否证明自己值这个价。

第四篇

人际可以很简单

理性进退：沟沟坎坎都是常态

» 智商、情商与职场独行侠

情商和智商在工作中哪一个更重要？这是一个被人们反复讨论却总是没有结果的问题。

情商与智商，都是职场人应具备的基本技能。至于说哪一个在职场更重要，实在不能一概而论。首先，要看是什么样的企业。国有企业、传统老字号企业比较富有人情味，这些地方通常对员工情商的期待值要高一些；而外资企业、技术型企业相对而言不那么看中你的情商。从不同岗位来看，搞技术的、研发的、写代码的人都不太在乎情商，而做销售、人力资源、公共关系的人，则需要有比较好的情商基础。另外，还要看本人的综合能力，所谓的智商不够情商来补台，这是很常见的事。一个人如果工作能力并不突出，为了弥补自己的短板，就要更加注意察言观色、控制自己。

情商这个概念，简单地说，就是人对自己情绪管控，并适当运用于人际交往中。按照通常的说法，情商由四个基本维度构成：感知情绪、激活头脑、理解情绪和管理情绪。感知驱动着我们的思想和行为，但由感知转化的情绪，恰恰是每个人的大脑神经最难以控制的部分。因此，控制好自己的情绪，就需要发展和利用自己的情绪智力，也就是情商，这是一种能够了解自己的情绪并管理这些情绪的能力。一个人在职场如果想顺利发展，情商与智商二者缺一不可。很多职场人具有很强的业务能力，做事的效率也很突出，但总是与同事或者上司相处不好，眼睁睁地失去多次升迁机会。与此相反，还有一些人专业技能一般，但凡事懂得把握分寸，恰恰能够在企业生态环境中如鱼得水，成为受领导重视的培养对象。

如何培养良好的情商习惯？有这么几个值得注意的地方。

勿轻易抱怨。情商高的职场人知道把精力花在解决困难和问题上，而不是诉说难题。一定要记住这句话：讲问题、说困难，老板比你更清楚。人家花钱请你来是要你解决问题的，不是让你来这里诉说问题的。何况，习惯抱怨的人带给周围一种消极、阴暗的感觉，没有人喜欢和怀有负面情绪的人长久共事。

不传播和参与讨论同事的隐私。所谓的“闲谈莫论人非”，在工作圈里散发同事私人方面的信息是低情商的表现。聪明的职场人知道如何保持与同事之间的边界，人家的收入、情感状况都不是你应该关心的，特别是对于上司或者来自其他部门同事的私密消息，更不要随意去打探或者传播。我有一位原先离职的同事，在加入新公司后不久就被除名，原因是他有一天下班在楼下看到一辆漂亮的法拉利跑车，再一转眼瞧见老板打开车门坐到驾驶座上，一时间兴奋，就随手拍了照片发到公司群里。这就是典型的没事自己找麻烦。

绝对不要贪小便宜，同时懂得赞美同事。这里所谓“贪”的现象在各个企业随处可见，小到多拿几支笔、利用上班时间吃早餐，大到挪用公款，这种自毁形象的事别人未必在第一时间说出来，但都会记在心里。与此同时，在任何涉及与他人的合作中，应尽可能多地给予同事肯定的赞扬和积极的评价，这既维护了相互关系，也让自己更容易立足。

善于倾听。说话是门艺术，懂得倾听的人更能赢得周围人的好感。人们总是更注重自己的表达，而忽视对其他人讲话的关注。倾听可以吸取别人的优点，更是在一个项目或者一次竞争中获得联合阵营的有效方式。

容易与情商相混淆的是职场的人际关系。人际关系好坏与一个人对情绪的把控能力有关系，但情商不等于人际关系。中国历来是一个比较注重人际关系的社会，而且中国的职场在很大程度上受到官场的影响。因此，与欧美职场相比，中国企业对于职场人际关系的关注度远远高于外国企业。从本质说，职场是靠实力说话的，这是与官场大不相同的地方，企业聘用你，最基本的要求是创造价值，如果能够为企业带来更大价值，话语权也就同步上升。一个人在职场能否脱颖而出，关键还是看工作能力。如果不能做出成绩，即便花再多的心思经营一个良好的关系圈，在任何一家企业也难以保证你不被淘汰，特别是由于企业不实行终身制，可能突然有一天，过去一直罩着你的上司离职了，你也就失去了保护伞。

凭实力说话不等于说人际关系不重要。做事情总是要尽可能多地去争取周围人的支持，团队协作更是现代职场必不可少的一个重要环节。与人的智商更多依赖先天能力不同，人际关系是可以在环境的熏陶下迅速提高。一个人只要愿意花时间花精力去琢磨人际关系，他就可以做得很精彩。这也是为什么我们经常看到一些工作能力不太突出的人，往往在公司里左右逢源，特别吃得开，其实这是一种生存的需要。

在职场里有一种人，我称之为“职场独行侠”，他们或者是技术大拿，或者是销售尖子，这种人平常不怎么与周围人周旋社交，几乎不参加员工的聚餐活动，有些时候还是一个不太听话的刺儿头。但对于自己所从事的工作，他们有绝对的驾驭力，总是能够交出最优秀的答卷。这种凭本事吃饭的人，往往有些孤僻，或者个性张扬。我们公司有一位后端软件工程师，入职三年几乎从来不和同事互动。公司组织的所有团队建设活动，他也是能回避就回避，开会时大家也几乎没听过他有什么发言。公司 6:00 下班，很少见他 6:05 以后离开公司。但就是这么一个特立独行的人，在后端做软件编程开发的工作，他的工作量几乎是三个人的工作量，而且他写的几个程序，连硅谷过来的工程师看了以后都连声称赞，认为这是最牛的程序编码。

不同员工可以有不同个性，从企业管理的角度说，公司的倡导往往会影响员工发展方向。懂得处理人际关系或许是一个额外的能力，但不是职场生存的基础。企业如果出现一种氛围，即不会察言观色的员工，他们的工作难以推进，那这就是公司价值观导向出了问题。我特别不赞成企业动不动拿文化认同、喊口号的方式来管理员工。这样的企业总是喜欢形式主义的东西，喜欢周末组织团建，喜欢建立对老板膜拜式的忠诚度，年度总结的时候喜欢谈论业务能力以外的企业认同感。这种文化倡导的结果就是大家都做表面文章，老板觉得自己像是一个皇上。在这样的企业氛围里，“独行侠”是走不远的，而溜须拍马则成为员工一项必修功课。

» 冷邮热语

邮件是如今职场最常用的沟通工具，但邮件使用也有需要注意的几个地方，这些细节往往被许多职场新人所疏忽。

首先，要关注邮件的主送、抄送、密送。

在几百人以上的公司上班，最怕那种不分青红皂白、将一封邮件发给大半个同事圈的做法。

很多新人觉得这是显示自己工作成就或者刷存在感的机会，所以一旦碰到由他组织的活动、经他起草的项目方案，总喜欢让尽可能多的人知晓。当年我刚入职某互联网大厂分管淘宝运营的时候，平均一天要收到200~300份邮件，这还不包括系统固定发出的数据类文件。我发现，至少有90%以上的邮件内容都不需要我的介入或者知晓。那时候淘宝内部人员不多，加上客服也只有几百号人，大家有什么信息都习惯于点击发给所有人。试想，200份邮件，哪怕一目十行去看，也得花费不少时间，何况无数人都和我一样，得每天不间断地对一封封邮件进行梳理。后来，我让技术的同事做了一个限制，即除了人力资源、行政等部门，其他部门只有总监以上职级人员才能发送全员邮件。

职场上还是有不少人对于主送、抄送、密送这三者的界定用法不清楚，难道我们在学校里没有开设邮件往来常识这样的教学课程？

关于如何界定主送、抄送、密送，就不在这里浪费笔墨了，网络上随处找得到这类资讯。

主送、抄送发送给的人不同，收到的邮件的反馈信息也会不同。通常情况下，被抄送方是无须回复的，如果他觉得需要对这份邮件发表意见，他最应该回复的并不是发件人，而是这份邮件的主送方。例如，张三有一份关于新品设计的方案发给李四审定，同时抄送给我，我打开邮件发现这个图案有个地方不符合我们品牌的设计调性，我如果想发表意见，最好的邮件接收人应是李四，而不是张三。同时，即便李四是我的下属，这个意见最好也是用 FYI（单独发送给您的信息仅供参考）这样的形式开头。这是职场上的一种相互尊重，每个岗位都有其职责和意见权，切莫插队发表自己的意见，剥夺别人的话语权。

至于密送，通常是发件人试图悄悄让他的上司或者密友知道某件事情，你如果是某封邮件密送的接收人，以不发表意见为妥。实在憋不住要回复，注意不要选择发送给所有人，不然密送就不“密”了。

其次，碰到意见和分歧，邮件不是解决争论的最佳手段。

下面是我前些年在一家外企碰到的真实案例。

当时企业有一个新季度的营销方案，涉及销售部和市场部。最初发邮件的是销售部门的一位经理，他提了一个方案，要求收件方在当天下班前回复意见，本来这属于初期的方案讨论，发件人并不是销售部门的负责人，只是一位经理职级的执行人员，由他发邮件给其他部门并要求对方回复，这的确有不妥当之处，但也仅仅是一件很小的事情。

市场部位于香港地区，与位于内地的销售部是平级部门，但分属不同的副总裁管理。然而，市场部总监看到这封邮件就突然发难了，指责内地销售部发的这封邮件中提出的要求不当。本来这样的邮件如果仅仅局限于那几个人看到也就罢了，偏偏发件人还抄送了一大堆人，包括她的上司、香港地区的市场部副总裁，还有人力资源部副总裁。

这下开始热闹了，销售部发邮件的这位同事，据说刚从其他公司入职企业不久，一看对方摆出一副“开撕”的架势，一气之下点了“发送所有人”，针锋相对地怼了回去，还把我这个运营副总裁，以及人力资源部负责人也添加进了收件人名单。

当天晚上 8:00，一封更长的邮件发回来了，这封邮件被抄送给了更多的人，其中包括公司亚太区总裁。

这次的邮件已经完全背离了事情的初衷，变成相互指责了，邮件里还历数了过去几次对方工作不配合的几个实例，洋洋洒洒近千字。看样子，没有一个小时是消化不了这些有理有据的内容，包括一些陈芝麻烂谷子的陈年往事。看得出来，写邮件的人是花了心思的，她把公司亚太区总裁都拉入邮件抄送人名单，这邮件同时也从一开始的中文写作改成用英文写作了。

来而不往非礼也，内地同事自然不能示弱。英文怕什么？咱也是专业六级的水平好不好，怼回去！于是又是熬夜写出，千字长文，赶在午夜前发出邮件，事不过夜嘛。

那天不巧我出差在外，第二天一上班，当我打开邮件，看到充满火药味的这几封来往邮件，我连忙给销售部总监打电话，让他制止这件事。就在我打电话的当口儿，邮箱里跳出来亚太区总裁的一封邮件，打开一看，内容很简单，就一个加黑的大写单词：PHONE（请用电话）!

后来，年底公司做员工考评时，在公司亚太区总裁的坚持下，相关的这两个当事人都被解聘。

在工作环境中，我们随时需要沟通和讨论问题，借助文字和声音讨论的效果是完全不一样的。邮件作为信息传播的载体，便捷准确、内容清晰，可以长久存储或多次转发；而声波传递的信息是感性的，表情、语气、说话时的环境，都会构成所要传达信息的重要部分。邮件却很难有表情成分。很多时候，可以通过一个眼神或者一句话解释清楚事情，但有人却偏偏较劲，非要通过邮件来回理论。

用邮件与同事争吵不仅容易激发矛盾，如果你遣词造句不妥当，还会留下把柄，最糟糕的是当把这样的邮件抄送给其他人，会活生生地将两个人的争吵变成了邀请一帮人围观，最后只能是自己倒霉吃亏。

这么多年我对公司高管一直有一个要求：表扬员工，要让更多人听见；批评员工，要一对一。同样，信息传递要用邮件，解决争执要面谈或者打电话。

我一向是不大信什么“职场交流十大法宝”“有效沟通六脉神剑”之类的

说道，不过邮件作为信息时代最为主要的办公工具，还是有些很基础的要素，需要职场人士掌握，现在大致总结这么几点供读者参考。

第一，邮件要有主题。很多邮件连个名字都没有。想想，这本书如果没有书名，即便印刷出来交到你手里，过几天还能找得到吗？

第二，短邮件好过长篇大论。如果有详细的内容需要阐述，不妨使用附件；如果需要对方对你的邮件回复或者在内容跟进上有时间方面的要求，一定要在开头或者结尾处写清楚，同时留有回旋余地（大老板除外）；不要在一封邮件里既有字体加粗，又用不同字体不同颜色，太多重点等于没有重点。

第三，邮件只应该送达相关人士。不要抄送太多人，除非你准备发通告（这需要部门负责人以上的判断）；分清楚“回复”与“回复全部”的区别，如果只需要你本人对邮件有反馈，或者你沟通的是尚未成型的定论，尽量避免使用“回复全部”。

第四，一封邮件最好集中讨论一个话题。如果有若干个不同话题，最好用不同邮件。若非得放在一封邮件写的话，邮件的主题就要表述清楚，例如“对于近期库存三个问题的协商”。

第五，“收到”这样的回复基本上没有必要。除非是对特别重大事件或者临时性的安排做更改，否则不要回复“收到”。

如果你给外地或者日常工作很忙的同事发邮件，对方没有回复，不妨在一天或者两天后跟进一封邮件。如果对方两次以后仍然未回复，就得考虑给对方电话或者微信。

第六，对外的商业邮件应该在邮件末尾处放置公司统一格式的名牌。其中包括公司地址和联系方式。

第七，不要发送带情绪的邮件。需要表达情绪的事情请拿起电话沟通，这其实是自我保护。

第八，养成定期清理邮箱和邮件归档的习惯。

» 上司与上司的上司

一个总让职场人绕不开的话题，就是在一家公司你有自己的上司，你的上司也有他的上司，除非你能干到总裁或者 CEO 的位置，否则 99% 以上的职场人士都有两级以上的上司。

如果在工作处理中你碰到自己的直接上司和直接上司的上司给出的信息不一致，怎么办？

凉拌。

凉拌的法则就是：直接上司是你最为重要的人脉资源。除非他做出了违背公司纪律或者极不道德的行为，否则在两个不同的声音之间，优先听从和服务于直接上司。

别因为上司的上司直接找到你，你一激动就忘乎所以，所以要凉拌。

通常情况下，上司的上司越界直接找你，无非就是几种情况。

第一种情况，就是碰上一项特别紧急的任务，他来不及一级一级交代，而是直接把工作布置给你。

第二种情况，他想自己查询一些跟你的工作范围有关的数据或者信息，比如销售数字、当前的生产进展、资金周转情况、目前的库存等具体数据，这些是临时性的要求，他想起来就直接找你来了解情况。

第三种情况，他想听听下面层级的声音和意见。可能是因为对团队现有的工作面貌，对于某个报告方案存有疑虑，或者在其他场合听到了不同的反映，他希望能跨越正常的层级做一些多方位的了解。

这三种情况，前面两种处理起来比较容易，这是简单的信息传递和数据报告。当然不能否认，可能你的上司在往上提交有些数据的时候会留有一手，经你手做的数字和你上司往上报的数字未必一致。这三种情况里最难处理的是最后一种，你上司的上司就某件事情征求你的意见。如果你直抒己见，后面你根本不知道你的上司是怎么向他的上司阐述的；但是如果你不直抒己见的话，首先你是在欺骗自己，同时还有可能丢掉一次难得的表现机会。当面对这种情况的时候，我的建议是，一方面要大胆直接地把自己的意见表述出来，一定要说清楚这是你个人的看法，同时在表述之后要在第一时间跟直接上司坦诚报告这件事。要口头报告，不要用文字，不要试图回避，哪怕直接上司这会儿不在办公室，也应该及时打个电话先简要说一下，礼多人不怪。很多人碰到这种事情的时候有点畏畏缩缩，一方面觉得大老板找到本人，诚惶诚恐；另一方面又觉得大老板直接找到本人这个事情最好别让直接上司知道，这种想法是大错特错的。

为什么？因为你和你上司的上司接触的时间，只有你的上司跟他接触时间的 1% 不到，他有更多的机会去解释、去协调，而你没有。何况你根本不知道你上司的上司会不会和你上司聊到他找你的事，如果他说了，而你却把自己的直接上司蒙在鼓里，那就相当被动。

当上司和上司的上司意见不一致，而你必须当着大家的面发表意见，这种场景如何应对？首先是克服表现欲。千万不要认为自己有多聪明、想法多突出，你的观点如果事先与直接上司有过沟通，而对方却不以为然的话，这个时候你便没有重复的必要，否则就是犯傻。如果你的看法事先还没有与其他人（包括你的上司）探讨过，而你又被问起，最好的回复方法是一两句话点到为止，千万不要大篇幅展开。我们都见过愣头青的员工，他们不管三七二十一，什么话都一股脑说，觉得别人的脑袋都不开窍，最终反倒搞得自己灰头土脸。职场虽然不像官场那样等级森严，还用不着处处小心谨慎，但职级管理的基本规矩总是要遵循的。私底下与直接上司讨论时可以放开阐述自己的看法和意见，甚至据理力争，但一旦在有不同部门和若干职级的同事聚在一起开会讨论的场合，记住要维护自己上司的尊严。

在任何一家企业，关系到职位升迁的第一重要的人，永远是你的直接上司。请记住这样一句话：你的直接上司哪怕不能给你正分，至少不能让他给你减分，除非你不想在这家公司做事。在企业的人际关系里，直接上司未必能成全你，或者说，成全你需要若干个元素的组合。但他如果要踩踏你，那实在是太容易了。直接主管想要找你麻烦的话，随手就能扔过来无数双“小鞋”，让你脚上起泡都说不出个所以然。企业管理归根到底是一级对一级负责，指望大老板站出来力排众议为你伸张呐喊，那得看幸运女神今年是否眷顾了你。

溜须拍马不是职场中应对上司的主要方法，职场是一个以结果论是非的地方，虽然免不了总能见到有些同事喜欢以献媚讨巧，但大多数情况下，上司更欣赏那些工作细心、做事耐心、有担当的人。有时候我也听到这样的感叹，说“干得好不如拍得好”，殊不知人的精力是有限的，把自己的主要注意力放在怎么溜须拍马上，就很难能成为业务尖子。有一句话说得很中肯：最应该担心的，是比你聪明、条件比你好的人，他们反而做事比你更认真努力。

官场有一种说法叫作“同意非同意其事，乃同意其人；否定非否定其事，乃否定其人”。在大型公司，由于其层级繁多、组织结构复杂，也时常出现这样的状况，多见于中层管理岗位，这个层级有不少人是凭借熬够了年头、跟对了上司坐到这个位置的。如果你面对的是这样的直接上司，他一定有他多年经营的人脉圈，所以，轻易不要因为大老板找你了解某件事情，就把自己放到直接上司的对立面。

» “领导，我也想到了”

职场上我们经常会碰到这么一个场景：某位领导和一群下属讨论问题，请大家畅所欲言：“来，大家都说说，对我们现在的这个项目推进有些什么意见、建议？”

大家都提前做好了准备。下午 5:00 开会，领导请每个人发表意见。一群人说完各自的意见以后，通常领导会在最后来一个总结性的定案，说：“综合大家的看法，我觉得这个事是不是应该这么处理……”

会议结束前，有一个环节很重要。如果在这个环节出了差错的话，那就是大忌。

领导把总结性的意见说完了，接着再问大家：“怎么样，你们对于这个决定有什么意见或者补充吗？”

这时候就看每个人表达的艺术。当然我们不用去刻意拍马屁，说一些奉承话，但是在职场，当上司就一件事情征询下属意见，如何回复，其实就很考验下属的情商了。

通常我们看到有这么几种情况：一种人附和叫好，这属于马屁派，没有什么错但也不出彩；一种人会说马上按照这个要求抓紧落实，这是规矩派；还有人会问某个环节怎么处理？是否能这么安排？这是执行派。那最不应该的一种表态是什么呢？

最不应该的一种表态，就是有人开口说：“领导刚刚说的这个方案好，我也想到了。”

晕，你也想到了，这不是没事找事吗？

你有没有想过这句话在别人听来的潜台词：第一，你在告诉领导，人家的意见不比你高明；第二，既然你也想到了，为什么刚刚发言的时候你不说出来？

你还别不信，我可是不止一次听到过类似这样的表态。说话的人本意可能只是想表示附和，但这是一个很“无脑”的回答，且犯了一个大忌，就是无形中把自己置于领导之上。最好的表态是什么呢？不妨考虑类似这样的表述：“我们现在马上根据这个要求再细化一下，把执行方案拿出来，再请您过目。如果有什么问题，我们及时向您报告。”这是领导最喜欢听到的话。因为既然他做了决定，这时候已经不再需要下属的意见了。虽然他在征求意见，实际上他征求的不是你对这个决定是否正确的意见，其潜台词是：我现在做了决定，接下来就看你们怎么推进了。

这就涉及在一个多人开会场合发表意见的顺序和表态的艺术，除非是上司点名或者按座位次序进行的意见表达，如果是自由发言的话，资历高低与发言顺序往往是成正比的。在外企一般是较高职级或者资深同事先行发言，主持人以及老板除外。发表意见的时候，哪怕自己有不同见解，也要首先吸收和肯定其他人意见的中肯之处，这样的姿态不仅能为你赢得同事的认可，更重要的是学会倾听。开会讨论事情最怕的是各执己见，每个人都只强调自己意见的闪光之处而忽视别人的看法。一名优秀的组织者善于协调会议讨论的不同意见协调之后的决定不仅仅融合每个人有价值的看法，还能从会议的讨论中发现最合适的执行者。

会议召集也是一门学问。我见过太多浪费时间的各种会议。养成高效办公习惯的一个必备能力，就是懂得以高效方法召集或者参加业务会议，这里有我个人总结的五点要素，外加一个时间召集的习惯。

第一，参会人员个位数。绝大多数业务会议，只要参会人员越多，效率就越低。太多的人来开会，要么不能畅所欲言，要么相互分心。我最喜欢的专题会议规模，参会人员会控制在4~7人之间。这样的规模能保证大家有强烈的参与感，同时不容易有人走神。

第二，提前规范议题。除非是发散型的脑力激荡，如果事先没有明确的讨论议题，是开不出有效率的会议的。参会的人不知道如何准备，召集人也难以控制好讨论的中心话题。会议中如果谈到与本次会议没有直接关系，但又是需要探讨的其他题目，最好的方法就是记下来再另外专题碰头。

第三，控制会议时间。人的精力是有限的，长时间的会议讨论导致的一定是效率的下降，除了年度或者季度各部门数据汇总讨论需要连轴转，我适应的会议长度是 90 分钟，我最怕参加那种只有会议的开始时间而没有结束时间的马拉松会议。

第四，尽量形成决议。开会最怕各说各的话，对于讨论的事项众人无法形成统一意见，白白耗费大量时间。意见相互不一致是开会讨论必然的产物，这时候要看拍板人态度，由会议的召集者或者主要负责人提出最终决定性意见。在企业管理中我们都试图避免错误决定，但是比错误决定更糟糕的是没有决定。市场环境瞬息万变，就当下时机形成对策，是一名管理者必须具备的基本素质。退一步说，今天会议实在无法形成决定的话，至少需要清楚地规范出这件事情最迟的决定时间，并有专人负责提醒。

第五，强调会议记录。任何讨论的议题、会上每个人的主要意见、达成的共识形成的决定、有待落实的事项及时间节点，都必须有书面化的东西存档跟进。

说到开会时间的安排，作为召集人，我的习惯就是尽量不在正常办公时间的中间时段安排会议。什么意思呢？例如，上午 11:00、下午 3:00 这样的时间段不是召集会议的好时段，除非是需要紧急磋商的议题，至少我一直是这么认为的。我的管理例会或者业务讨论会通常都设在一早一晚、或始或终的排期，即上午 8:30 正常上班之前、中午 12:00、下午 6:00 这三个时段。这样安排的好处是，尽量不影响各个参会人员的正常工作安排，同时能有效避免会议时间拉得过长，达到开小会开短会的目的。

» 与上司一同出差

职场上可能免不了碰到这样的情况，即必须和上司一起出差。

对于很多人来讲，这是一个表现自己、获得上司认可和好感的机会。但与此同时，怎样在出差期间和上司相处，这里面有些问题还是不能忽视的。

我年轻的时候从事的是线下零售管理，经常要到全国各地去跑。有一阵子我任职区域总监，经常要陪公司的运营总监在我所管辖的区域巡店。我负责区域的几十家门店分布在十几个不同的城市，每个月大概有两次要跟上司一同出差。遇到这种情形，我的处理方法是掌握两个最基本的原则。

第一，如果有可能的话，尽量不要跟上司住同一家酒店，如果不得不入住同一家酒店的话，通常可以错开不同楼层。

这里面最重要的考虑是，上司和其他人一样，都会有自己一些私密的事情，需要私密的空间。人家出差期间约见同学、亲戚、朋友，若和你在楼道里撞见，终归不妥。尤其那个时候，我的上司是一个老外，晚上喜欢去酒吧，作为下属更应回避为好。很多人觉得亲近上司是替自己将来的升职加薪做铺垫，但把握适度原则是关键。我个人的体会是，作为一名下属，如果过多知道上司私人方面的事情，就会弊大于利，至少多了一个要为人家守口如瓶的义务。职场上议论上司私人事项是非常忌讳的，还是尽量不知道、少知道为好。千万别把街头大妈那种包打听的习惯带到办公室。

第二，一起出差，免不了一同吃饭。我的原则是，相约一同吃饭可以，其他活动尽量推掉。比如，如果上司邀请晚上外出喝酒、洗桑拿，我总要找一个托词推掉。我最常用的说辞，就是每天晚上都要去健身房，而事实也是如此。

很多人觉得这样的做法有点傻。因为跟上司这么亲近的机会，怎么能错过？其实抱这种想法的人只想到其一，而忽视了其二。很多上司并不希望自己的下属太多了解他个人方面的事，职场虽是一个相互依存的生态圈，但毕竟不同于朋友圈。再说了，如果一同喝酒聊天，话说开了，免不了就会有议论同事的可能，这时就不好控制场面了。

和上司一同出差，的确是表现能力和才干的好机会，例如行程的安排、会议材料的准备、帮忙预订酒店叫醒服务、提前叫车等，但尽量不要试图拉近乎去介入人家的隐私，或者议论人际关系上的事。“闲谈莫论人非”，老祖宗的这个训诫是充满智慧的。

除了注意避免过度介入上司的私人事务包括自由时间的行程安排以外，还要在工作的配合上当好助理的角色。这与你现在的头衔无关，哪怕你是一位总监陪同上司出差，也得明确定位自己是一个随时可以帮忙的助理。这样，你就知道自己应该做些什么。例如，提前做好行程安排，包括各项主要议程的时间、地点、相关联系人；替对方准备好出差所需要的相关文件、材料，如果是对外洽谈，需要掌握对方公司的背景资料、洽谈内容的主要交叉点和双方诉求点；做好会谈纪要，及时发给上司。

很多人觉得与上司一同出差，需要张罗好上司的生活住行，例如，预订机票酒店、商务用车，等等。其实大可不必把精力放在这上面，你需要的是通过你对业务的认真准备和跟进获得上司的好感。人在旅途，与上司一同出差通常会有更多密切接触和单独交谈的机会，作为下属，对你今后的职业生涯发展是有帮助的。日常在公司里你难得有机会与上司长时间共同做事，人家对你的印象有可能仅停留在某些片面的认识上，一同出差时如果能周到考虑问题，以适当方式展现个人的职业风范和能力，给上司留下良好印象，对于日后升迁会有帮助。

出差的酒席场合如何替上司挡驾，是国内职场时常碰到的问题。生意往来，大多免不了在酒桌会面。能够替上司挡酒的人，往往被看成是靠得住的贴心人，因为这种人在上司犯难的时候站出来替他解围。这方面我缺乏第一人称的经验，但从接受帮助和被别人解围的角度，我有一个值得大家借鉴的分享。我曾经在某家全国性连锁零售企业任执行总裁，负责采购和销售业务，免不了时常应酬。采购中的应酬就比较麻烦了，应对的都是各大品牌的供应商，他们的老大都很能喝酒，也喜欢喝酒。我的对策是提前说明我不会喝酒，实在碍于礼节，那就一杯为限。但是总有些场合无论怎么推脱都应付不过去，这时候就得有人替你顶雷。有一阵子，我每到年底外出洽谈年度合约，总喜欢带上采购部的一位经理。这个人的特点就是在酒桌上沉默寡言，前半程几乎见不到他有任何活跃，一进入后半程，当大家都喝得五迷三道的时候，他开始站出来为我助阵。我私下里请教过他，他说自己其实酒量并不大，关键在于他心里很清楚，今天出席这场酒宴不是来喝酒的，是来工作的，所以只要是礼节碰杯，他最多点一下嘴唇，更不会因为嘴馋自己去喝一杯酒，不管是多好牌子的酒。“别人是自己喜欢的喝了三分，相互碰杯的又喝了三分，我是十分都留下来用于工作，即替上司挡酒。”这也是一种出色的职业能力。

有些公司对于出差预算有比较严格的控制，如果你非常不幸地需要和同性别的上司同住一室，那只有伺机处理。首先，千万不要自作主张提出自掏腰包另开一间房。这是“找死”的做法，等于在向对方宣示你的主权和荷包。其次，少炫耀，尤其是女性员工。当你需要与同性别上司一道出差甚至要共处一室时，别用过于昂贵的化妆品和包包。再次，少说、多听，不要一高兴起来就随便议论与出差不相干的人和事。

» 烧桥断后路

职场这个世界说大很大，说小很小，人生在职场某个路段相逢，在下一个岔路口分别，兜兜转转一圈后很可能又再次有交集，所以职场有一句话：不要断了自己的后路。英文也有一个非常形象的类似表述，叫作“do not burn the bridge”，即别把桥给烧了。

这是什么意思呢？就是提醒你，当你离开一家公司的时候，除非是十分特别的原因，否则不要去抱怨老东家，更不要试图从老东家这边挖人，这是基本的职场道德。

以前在大型公司任职高管的时候，我经常碰到手下的管理人员说，现在缺某个岗位，我原先公司有个 XXX 特别优秀，我设法把他挖过来。每次碰到这种建议，我的回答一律是：打住，千万不要打这个算盘。我接下来也直言相告：你今天能做这样的事，明天如果到另外一个公司，岂不是会如法炮制再来挖我们公司的人？

我曾经在一家全国性零售企业工作，后来离开去了另外一家连锁零售公司。几年后，我们在西安的分公司突然收到很多来自前东家在职管理人员投递过来的申请简历。如果零星有人自己投简历寻找机会，这本身不足为奇，可是眼下这一个礼拜有上百份简历的投递，这样的状况显然不太正常。于是我给老东家老板的秘书打了一个电话，大致把这个情况叙述了一下。就我而言，只是同步一下信息，我也很注意掌握好分寸，没有进一步说明具体是哪些人，投递的是什么岗位。

在我看来，这只是举手之劳。老东家获悉后亲自调查，发现是他们那边的地区总经理在管理上出现了大漏洞，于是公司抓紧做了内部调整，堵上了这个漏洞。后来我还听说，我这个老东家有整整两年时间，每次公司内部高管开会时，都要提到我得体转告这件事，以表示他的感激。再后来我们有机会与对方谈股权合作，在商务谈判室见到老东家，对方开口的第一句话就是：

"记着你当年的那份情义。"

这里还有另外一个我亲身经历的例子，去年有一位高管从我公司离职了，虽然公司员工协议中有离职一年内禁止从公司挖人的规定，他还是不管不顾地挖走了几位核心员工。他就职的新公司不在北京，这家公司与我们也没有任何业务交集。赶巧的是，两个月前，他们公司老板通过猎头的推荐，想邀请我过去当顾问，我以前并不知道那位前高管在这家公司任职，是接触中对方介绍我才知晓的。结果聘任我的消息一发布，那位高管第一时间自己就离职了。这就是典型的烧桥断后路。

烧桥断后路的道理说出来大家都很容易懂，谁都不想干自毁身后路的事情，但实际上，这样的行为在职场上经常发生。"挖墙脚"这样的行为，或许本身出发点是善意的，既然加入现在这家企业，就总想替在职的公司做些贡献，你愿意向公司推荐合适人才、为企业发展尽心尽力这本身无可非议，但这个推荐人选的范围需要有所把控，你推荐的人可以是你的同学、朋友、熟人，原则上不要涉及过往工作过企业的在职员工，尤其是刚刚离职的上一家公司。这里涉及一个"君子安身立命"的职业道德问题，很多时候这份约束不是外人强加给你的，而是自己是否愿意给自己一个遵循的底线，它本身未必能给你带来什么好处，往往只是换得一份心安。但不管怎么说，过往工作过的企业，曾经给你提供过一个施展才华的舞台，至少给了你一个阶段性的饭碗，转身离开是你的选择和追求。如今的职场是一个双向选择的年代，但如果你不仅仅离开，还回手试图拆这个舞台的柱子，那就是砸场子了，怎么说都不是一个谦谦君子的做法。更何况一旦这么做，就等于告诉你的下属、同事，大家也可以把现在这座屋子的每根柱子都找机会拆下来送人。至于对老东家的负面抨击，我们大多见于一些离开某家企业，觉得自己在那里待得很不如意，借此吐槽的机会泄私愤，但你有没有想过：当你对外诉说老东家不好的负面评论时，人们会怎么看你？你因此换来的是独善其身的赞誉，还是过河拆桥的毁誉？

面试过程中我时常会向申请人提这样的问题："为什么离开上一家公司？"80% 左右的回答都是因为公司不好，而且说辞都很模式化。例如，那家公司的上司 / 老板不懂行，管理能力不行，我的能力得不到发挥和重用；老板喜欢任人唯亲，公司气氛很压抑……但凡这类应答的人，在我这里基本上都不予考虑。因为，不懂得感念，心里总觉得怀才不遇的人，很难成为职场的优秀成员。

职场千万不要意气用事，切断自己的后路。

» 知名CEO昂贵的恋情

某知名连锁快餐企业有一句动人的宣传语：I' m lovin' it. 翻译成中文的话，就是："我就喜欢。"或者更带些广告色彩的话："两情相悦。"

该企业的前CEO，用一段办公室恋情诠释了这句公司口号。这位50多岁男性，在企业干了20多年，在其担任CEO期间与下属员工发生了两性关系，并于2019年11月被解聘。解聘时引述的原因是他违反了公司的有关规定。据悉，公司禁止管理人员与直接或间接下属谈恋爱。同时，当事人也发出一封电子邮件，承认自己确实与员工存在恋爱关系，同意董事会做出的决定。

对于很多人来说，办公室是漫漫人生中度过时间最长的地方。大学不过三四年，家里只是晚上和周末待着，这些地方都比不过人们在办公室待的时间长。所以，办公室免不了成为男女发展感情的温床。而绝大多数公司，至少是规模化的企业，都明文规定不允许上下级之间产生恋情。逾越红线的，哪怕是高管，也经常会受到惩戒。这位高管，就是因此而丢了年薪过亿的饭碗。

这种恋爱禁止的原因说来很简单：避免利益输送。

我们经常看到贪官徇私提拔亲友的报道，殊不知如果对企业高管不加管控，其在徇私舞弊这方面可以操作的空间会更大。因此，禁止上下级之间的私密关系，至少减少了潜在的利益私用的风险。人都是情感动物，热恋中的男女有几个能做到真正理性的？虽然当事人几乎无一例外都会说："我们是你情我愿，不带有任何物质利益的动机，根本不是大家用一副有色眼镜看的那么低俗。但无数实际发生的例子证明，都与利益息息相关。"

果不其然，该企业的桃色事件的后续报道陆续出来了，在调查中发现，有证据表明，这位高管在被解雇前的一年内与3名员工有过"不正当关系"，并且在与其中一人保持两性关系期间，批准授予此人价值数十万美元的特别股票奖酬。因此，公司决定起诉自己的前CEO，以"个人行为失当"为由，对他采取"有因解雇"，并收回当时的离职遣散费。该企业在监管申报文件中告知投资者："前 CEO 违反了作为公司高级管理人员和董事的授信义务，公司正寻求对该前高管索取损害赔偿金，希望能追回当时这位前 CEO 在被解聘时拿到的几千万美元的遣散费。"根据调查结果，董事会得出结论：前 CEO 对公司和董事会撒谎，并销毁了有关不当个人行为的信息，事实上在他被解雇之前曾与另外 3 名公司员工发生过性关系，这些行为全都违反公司政策。在最新指控浮出水面后，律师发现了前 CEO 从公司电邮账户发送到他的个人电邮账户有"涉及不同女性的数十张裸体、部分裸体或露骨照片和视频，这些内容包括公司员工"。尽管这些资料在他的手机上已被删除，但仍被存储在公司的服务器上。诉状称，记录显示，前 CEO 在与其中一名员工"第一次性接触后不久"便批准向其授予限制性股票的奖酬。

企业高管和政府官员一样，若管不住自己的身体，就无法控制好自己的脑袋。

如何看待办公室的恋情，很多人看法各不相同，不过身在职场，有这么几个维度的考量需要有所了解。

第一，企业管理的维度。一家企业的文化，它所倡导的价值观，在很大程度上引导着公司内部办公室恋情的走向。很多企业明文规定不允许办公室恋情，主要是考虑到办公环境容易因此滋生腐败，但困难之处在于，许多公司的创始人本人就是办公室恋情的实践者，这方面的例子有很多。再者，如今许多大型互联网企业加班常态化，员工又以刚刚走出校园的年轻人为主，大家普遍生存压力大、社交圈子窄。就近和同事谈个恋爱，寻找精神和身体的抚慰，实在是再正常不过的现象。因此，许多企业变通的做法就是，规定恋人之间不能在同一职能部门，夫妻之间不能有上下级关系。以腾讯规定为例，腾讯员工内部恋爱与婚姻自由，但两口子不能同在一个事业群。为了避免潜在的利益冲突，腾讯还实行严格的"亲属回避制度"，重要敏感人群（例如重要管理干部、财务等）不能有直系亲属同在集团工作。百度则规定夫妻之间不能有直接业务往来。而京东的约定比较独特，据网上介绍，京东要求其数万名员工不能与竞争对手公司的员工谈恋爱或者结婚。

第二，个人情感历程的维度。谈恋爱不设防，但办公室又是一个规矩重重、不能随心所欲的环境。除了身在职场需要遵守相关的公司规定以外，一个人如果要踏上办公室恋爱这艘小船，一定要想清楚这个举动能产生的后果，包括以后在企业内部人事圈的变化，以前不喜欢你的人可能站在恋爱对象的对立面，如果（万一）恋爱未能修成正果，两个人日后如何相处，等等。如今是一个高度开放的时代，如果失恋后你不想再与对方联系，大可以从此永不相见，甚至把对方拉黑；一旦对方是你的同事，这就由不得你了。这时候你或许会想：以前多好啊，只是简单的同事关系，如今怎么有这份尴尬？可是一旦与某位同事谈过恋爱，你们的同事关系将再也回不到从前了。恋爱自然是让人愉悦的，但职场说穿了是一个生产的空间，而恋爱婚姻更多的是一个生活场景，要把两个不同的概念合并在一起，的确不容易处理。

但是道理归道理，现实归现实。人有七情六欲，这是本性，谁都阻止不了。实在受困于感情升温，忍不住就要和同事谈恋爱，那至少要注意几个基本点。首先，办公室恋情中，任何亲昵举动与私下交谈，切记避开工作时间，切勿利用公司邮箱。一定要记住，职场本身是一个从事生产的场所，且不论你从事的是哪个行业（演员另当别论），你在这个公司用于生产和创造收益的场所、在上班的雇佣时间谈情说爱，几乎是所有的企业不能允许的。如果你真的要和你的同事谈恋爱，至少应该在工作以外的时间，同时利用私人信箱。或许你不知道，很多公司的办公邮箱是可以被监控的。其次，别过分张扬，尤其不要在关系没有最后确定的时候过早地让你的同事知晓。因为但凡你的恋情发生变化，如果周围的同事都已知晓，会使得同事之间的关系变得十分微妙。我曾多次见过刚走向职场的年轻人爱上同事，恨不得除了上厕所的时间都在一起，几个星期以后却分手了，同部门的同事们再有聚会，面对是否邀请这两个曾经的恋人这个问题时，都觉得尴尬。再次，不要和已婚的同事谈恋爱。我这里不是从道德规范的角度去说这件事，那属于另外一个范畴。如果和一位已婚的异性谈恋爱的话，由此牵扯到的麻烦可能很多，大概率将影响到你在公司的职位升迁，甚至危及你的饭碗本身，这种情况，通常更多见于下属和上司之间。

第三，适时跳槽。以一个多年职场过来人的观察，如果双方发展到步入婚姻殿堂，最好的解决方案是其中一个人退出职场，至少其中一人更换一家公司。两口子同在一家企业上班不是一个好的选择，除了要面临人际关系方面的问题之外，最大的问题在于难以区分工作与生活。两个人如果晚上家里闹别扭，情绪可能带到公司，而上班时候的分歧，也容易影响家里的日常生活。我曾经有一位很优秀的营销总监，与公司另一个部门的女性经理恋爱成婚。两个人原本不在同一个楼层，但女方属于比较敏感的性格，结婚以后只要丈夫跟女同事有一对一谈话，她总是心存猜疑。两人经常为此争吵，同事们很敏锐地闻到了火药味。异性同事都不敢与他们有太多工作交往，需要当面沟通的事情大多更换为邮件往来。当工作夹杂了太多情感和婚姻色彩以后，两者之间都变得容易顾此失彼，后来在我的建议下，女方辞职在家做网店经营，不经意间闯出了一条创业的新路。

与办公室恋情不尽相同的是上下级之间的爱恋。无论从哪个方面考虑，这都应该算是职场雷区。工作就是工作，下属就是下属，爱恋就是爱恋，相互之间试图叠加，容易乱套。恋爱是彼此平等的，而上下级的工作关系带有一定的从属性。上下级恋情的雷区在于权力关系的纠结，由此容易引发大量的争议，比如资源分配、职务提升、奖金报酬等。上文提到的那位 CEO 的恋情就是一个典型例子。想想这样的场景：直接向你汇报的下属有 6 个人，其中一位是你的心上人，其他同事会怎么看待你这个上司？

大家都是有情感的人，办公室里的同事有很多时间待在一起，难免迸出火花来。我们为爱情赞美的同时，也千万避免引火烧身。记住一句话：职场说到底是一个生产场所，不是生活空间。两者兼顾听上去很美好，但实现起来很困难。

» 低胸的拉链

20年前我在台湾地区任职的时候，直接向我报告的六位下属中，有一位女性总监，她的英文名字叫 Lynn，负责市场营销。那时候，我作为一家荷兰零售公司在台湾地区的副总裁，分管公司门店运营和销售业务。

Lynn 是一位称职能干的营销好手，部门在她的领导下，工作进展得很有起色。

共事不久后，我发现对方唯一让我觉得别扭的是，她每次进入我办公室找我单独汇报工作或者请我签字的时候，总是不经意间做出一些过于亲昵的举动。其中最明显的一个动作，就是由于南方天热，一年有四分之三的时间人们都穿衬衫或者短袖衫。Lynn 的身材很好，她大多时候穿比较紧身的上衣，这时候她会把自己衬衣上面的两粒纽扣解开，或者把拉链拉低。对于一位30岁左右拥有姣好身材的年轻女性，这样做显然不合适。当然，我并不是什么封建卫道士，我也喜欢看美女，但职场是我工作挣薪水的地方，我不想在这里和下属上演情感故事。我留意到 Lynn 平常在自己的工位上并非如此，但她每次跟我报告工作的时候，却喜欢隔着我的办公桌，让自己探身朝前，把文件或者签字件交给我。

我觉得这样不妥，应该对她有所提示，可是怎么做才好呢？毕竟对方是一位年轻女士，又是我的下属，直截了当地指出来貌似有些唐突。

一开始，我想了一个办法。只要对方来我办公室的时候，我就招呼她坐下来，面对面坐着谈工作，或者我站起来跟她一起交谈。结果我发现，这样调整的效果不明显。

接着我闪过一个念头：是否可以请我们一位女性 HR 总监，含蓄地提醒她一下？后来想想还是觉得不合适，这会让对方难堪，也貌似有些不妥。

最后，我终于找到了一个妥当的解决办法。

在这之后，每次 Lynn 过来找我单独汇报工作或者签字的时候，我都把坐在门口开放工位的秘书喊进来，大家一起谈。本来下属找上司报告工作的时候，秘书在场很正常。这么几次下来，大概对方也意识到了我的用意，于是也就不再拉低衬衣拉链的高度了。

直到两年后我离开那份工作，秘书告诉我，其实，Lynn在单独见公司总裁时，也有这个习惯。据说，那个大胡子老外挺受用的。

职场的性骚扰大家都有所耳闻，比性骚扰更难处理的是性暗示，因为暗示的言语或者动作具有更大的隐蔽成分，不太容易被作为证据判断。例如，一位女性员工在电梯、楼道等单独可以交谈的场所碰到一个男上司，被其夸奖："你的身材真棒，比我女朋友强多了。"这就带有性暗示的意思。目前我国的妇女权益保障法规定，禁止对妇女实施性骚扰。但是据我所知，目前我国还没有专门针对男性受到性骚扰的立法保护。

毫无疑问，在职场上受性暗示攻击的女性多于男性，下级多于上级，年轻人多于中年人，新员工多于老员工。对于新入职不久的年轻女士，尤其是单身女性来说，如何防患于未然、尽量降低这方面的风险，以及遇到来自同事或者上司的性暗示时如何处理，我有几点建议。

老话说"苍蝇不叮无缝的蛋"，这句话用在这里怕是为做错事的人开脱，但日常着装确实不应过于暴露，要举止端庄，同事之间的相处应适度而不轻佻。尤其对于那些涉世未深的小女生们，这是一个有效的避险策略。

少谈私事，特别是涉及自己感情经历或者爱情起伏的事。办公室不是诉苦的地方，成长的重要标志就是懂得欢乐可以分享，痛苦只能自己承担的道理。如果你有一点情感波动就想找同事诉说（特别是找异性同事诉说），很容易让人乘虚而入。

减少与异性同事下班以后外出的机会，尤其是一起喝酒。喝酒误事，这样的例子太多，但人们不以为然。同事相聚，吃饭可以，喝酒要慎重，尤其要注意那种一喝就要喝高的场景。一些上司或者同事，时常会通过下班以后一起酒吧相聚为借口，以言语或者搂抱这类的暗示作为骚扰的前奏。"我的领导喜欢在下班以后邀请我到酒吧谈每周的工作总结，说不了几句正经事，就开始拼命喝酒、讲黄段子，然后开始动手动脚。”这样的微信吐槽随处可见。麻烦的是，一旦发生这样的事，即便事后报告或者追究，也大多难以实锤。对方如果是位老手，通常可以矢口否认，或者表示那是一起喝酒喝多了，并无特别的意思。

如果你不幸遇到了职场上的性暗示或者性骚扰，应该如何处理？

首先，是一对一原则。尽量不要一开始就上升到投诉，或者借助人力资源部门介入这个层面。以直截了当的态度，告诉对方你不接受这样的举动。对方大多情况下的反应有两种，要么否定：“哎哟你多心了，我根本没有那个意思。”这时候你就得降低身段，做出一份道歉的样子：“那是我过于敏感误解你了，对不起，因为从小我父母就教育我这方面需要特别留意和防范。”要么对方识趣收手。不管哪一种情况，你阻止对方的目的已经达到。

其次，不要拖延或者心存侥幸。有一些个性比较懦弱的年轻女员工，担心得罪上司或者同事，甚至害怕丢掉饭碗，对于性暗示、性骚扰不敢声张，觉得能忍就忍，这是一个最为错误的方法。忍让不会解决问题，反倒可能让对方以为是你的默许。

再次，保留相关证据。一段录音或者对话框的截屏，哪怕自己的书面记录，都有助于在日后需要对质的时候提供线索。从过往实践看，性暗示、性骚扰的取证相对困难，受害者的投诉和主张经常被不了了之。职场人碰到这类事情，首先要具备证据意识，做好证据的搜集工作。

最后，忠于职守，遵章守纪。提防对方在恼羞成怒的情况下试图抓你的“小辫子”，例如上班迟到、工作时间看私人微信、没有按时提交工作报告等，这些都是有可能被人拿来作为强迫你就范的把柄。

实在不行，还有最后一个退守之策就是要求转岗，或者离职。因为这关乎一个人的节操信仰，这是一个底线，何况职场是发挥个人能力的舞台，不是情色的温床。

从公司的角度说，一是要有明确的态度，旗帜鲜明地制止任何职场性暗示、性骚扰，二是公司高管要以身作则。我曾经服务的一家外资企业，原本一向给人的印象是严谨规范，突然有一天就爆出大区总经理性骚扰一位门店主管，两人的照片都被发到了内网上，这一来不仅那位高管待不下去，公司有好长一段时间校园招聘都很困难。因为好事不出门，坏事传千里。

» 退休与间歇年

多年以来，我在职场一直都是超负荷运转，工作压力大，每周不但上班时间长，周末通常还有至少一天的加班。有一阵子我感到特别身心疲惫。好不容易把一家大型的互联网公司成功运作上市，6个月后我就选择了离开，那时候我就想，自己应该退休了。我认为一个人的退休时间没有必要让别人来界定，只要自己觉得累了、不想干了，生活费用也有着落了，就完全可以选择早一些退休。这是个人对自己人生的规划，有人可以一直工作到80岁，有人可以选择40岁就退休，关键在于自己的价值观和期待值。就我个人的经历而言，有一阵子，我对于要不要选择退休、怎么安排退休生活，心里一直打不定主意。后来，我决定给我的一位前任老板打电话聊聊，听听他的意见。他是一个美国人，比我年长15岁，一直是一位我很敬重的上司。

电话里，对方听我叙述了一通想要退休的想法和犹豫所在，半天没说话的他，突然间问了我一句话。

他问道："当你在机场准备过安检的时候，每个安检台前都排着长队，你排到了其中一个队列，走着走着，你发现边上那个队列人群向前移动的速度比你正在排着的这个队伍要快。虽然你航班起飞的时间还很富余，这时候你会不会转过去加入那个移动比较快的队伍？"

我不假思索地回答说："我会啊。"但我心里还觉得奇怪，老先生问我这个问题干什么？

对方笑笑说："那就说明，你还没有到达自愿进入退休阶段的状态。"

"为什么？"

"很简单，从你这个不假思索的反应看，你还是追求效率为上。当你心里下意识地还在追求效率的时候，说明你仍然处于想做事情的状态，至于做什么事那是另一回事。真正退休生活，通常是不再考虑效率的，你可能开车五公里找一间咖啡屋，拿着一张五天前的报纸看半天。所以，我建议你可以休整几个月，之后考虑整装再出发。”

后来我明白了他电话里说的这个道理，他提到了职场间歇休整这个概念。

退休和职场间歇休整是两回事。间歇休整时间可以是几个月，甚至是一两年，给自己一段比较安静的时间用来放松自己，但这只是一个过渡。进入退休时代，那是要给自己的职业生涯画上一个句号。若非身不由己，例如强制性的退休年龄，或者身体状况不允许，大多数人还是希望保持一份工作，让自己对今天的生命存在有一份价值的认同感。李嘉诚、沃伦·巴菲特都那么大岁数了还不肯退休，大概也是这么个道理。如此看来，我可以把自己职场中的暂停打拼时期称作间歇年，即在说长不长、说短不短的几十年中，中间叫停一次，休息上那么一段时光，尽情地按自己的意愿“挥霍”宝贵的时间和生命。无论是闲逛也好、进修也罢，或者做一些不以获利为目的的事情等，不论做出什么选择，都是对属于自己生命岁月的一次自如挥洒。

间歇年，英文叫 Gap Year，这个概念最初源于 20 世纪 60 年代的美国，一开始主要是用于大学生毕业后的放空。许多大学毕业生愿意先四处旅行一年然后再投入工作。后来这个概念被引入职场，即在工作几年十几年后停下来一段时间，从每天上班工作的日常惯性中解脱出来，为自己安排外出旅游，或是当一阵子村夫，也可以无目的地赋闲，或者选择一份自己感兴趣的事情心无旁骛地扎进去。

回到上面的叙述，我在想明白了退休与间歇之后，在 40 岁时，决定在更换工作的交替期，给自己留出 10 个月时间，做间歇年安排。那段日子我不再考虑与工作有关的任何事情，而是静下心来专注于我个人喜欢的历史和古迹，算是辛苦工作多年之后给自己的一份犒赏。我还在澳洲巴罗萨河谷的一家家庭式酒庄做了为期 3 个月的杂工，全面学习葡萄酒酿造过程和葡萄藤修剪工艺，满足了自己多年来喜欢葡萄酒的爱好。

相比于西方大学毕业生普遍喜欢在毕业的时候安排间歇年、背上一个双肩包四处旅游的做法，我更建议国内的职场人士考虑就职若干年之后再来安排自己的间歇年假。用间歇年的方式给自己人生的不同阶段来一个段落区隔，这是一种十分难得的自我调整。之所以不建议国内年轻人一毕业就开始间歇年，主要是从职业发展的角度考虑，毕竟如今的职场竞争十分激烈，许多公司对于当年的应届毕业生都有针对性的招聘计划，一旦丢掉这个机会，很可能你在职场的起跑线上比同龄人落后了一截。而工作几年之后，大多数人对于自己喜欢什么、下一步要追求什么都已经有了清晰的目标和方向，这个时候再安排间歇，或者干脆到乡下当一阵农民，你都会更有收获。

很多人听过间歇年这个概念，也羡慕能放飞自己的人们，但往往只是停留于设想。多数职场人梦想着能有职业生涯中的暂离，却没有勇气下决心这么做，原因总是充分而且现实的：离开了再回来是不是还能有好的工作？这一年收入减少后供房贷款怎么办？孩子每天上学由谁来接送？这些都是实际问题，但说到底还是个人的选择。我在北京顺义有一套出租房，租客是一对夫妇和两个孩子，男方是来自西班牙的一位室内设计师，女方是英国籍的英文老师，他们在北京生活了 5 年。他们有两个小孩，一个 6 岁，一个 4 岁。不久前的一天，他们突然打电话给我，说准备离开中国了。言谈中我了解到，夫妇俩工作这些年有了一些积累，准备趁着孩子上小学前，全家一起过一个间歇年。全家看好了太平洋上的一个小岛，准备去那里过上一年远离都市的原始生活。我相信他们都不是大富大贵之人，也有很多条件的局限，但是既然人生不仅仅是眼前的柴米油盐，为什么不能放下顾虑、过一段追求诗和远方的生活？

当决定给自己一个间歇年的调整之后，如何安排这一年的内容也很关键，这不是天天在家睡大觉的时光，你可以考虑利用职业生涯中期的暂歇来充实自己的技能，挖掘自己的兴趣，做几次不以收入为标准的志愿者，或者更换一个截然不同的生活环境。当从间歇之后回归时，你送给自己的礼物是一个轻松健康的身体，一个观察事物的全新视角，或者一个新的经历和知识积累。当然，间歇年的风险总是有的，并不是所有雇主都对间歇年的想法持支持态度，很多时候你不得不在回到职场的时候向新雇主解释自己简历中空缺一年的理由。说到底，还是你更在意什么，因为任何事情得与失的评判都是因人而异的。

第五篇

礼仪不是穷讲究

别不在意：人人都爱淑女绅士

» 着装是门技术活

在职场如何得体着装，是一个古老而永恒的命题。不同时代、不同行业、不同职位之间有着不同的着装要求。去参加面试或外出从事商务洽谈的时候，与日常在办公桌前从事文字工作的着装规范不尽相同。从事销售的人，与做投资的人和互联网开发经理之间也有很大的着装差别。

办公室男女着装的习惯和评判标准各不相同。我本人不是这方面的专家，对于女士的着装了解实在有限，所以这个章节主要谈论男士白领的办公室着装。之所以专门写这个题目，是因为我见过太多男性同事们由于着装不得体，轻则有损个人形象，重则失去了不少潜在的升职或者商业成功的机会。这个章节不是专业的穿衣指南，只是我个人多年职场的经验和分享。

西装 + 衬衣是永远不会过时的标配，通常的原则是衬衣的颜色浅于外套西装的颜色。品牌、质地可以根据个人的喜好和经济能力，未必追求最贵的名牌，但是合身得体很重要。经常能看到进出写字楼的男士穿着很宽大的西服，走起路来整个外衣都是一晃一晃的。如果是夏天，穿西装外套比较热的话，穿衬衣甚至有领子的短袖 T 恤衫也是可以被接受的，前提是干净整洁。在办公场合穿西装或者比较正式的服装切忌搭配一双运动鞋，应首选皮鞋。

男士在职场的穿着，原则上应遵循整洁、庄重、得体六个字，个性张扬的穿着或许适合于某些特定工作或职业，如设计师、策划总监，但这不是广义上的常态。现在也流行一些男士中山装、唐装甚至汉服，但只要是正式场合的服装，风格还是个人的选择。

这里我归纳几点男士职场着装常见的失误。

过于花哨的衬衫。如果没有西装外套，衬衫的挑选可以相对随意，格子衫、亚麻衬衫、圆领衬衫都可以考虑。但若配套西装的话，通常就应该选择纯色、素色的衬衣作为基础。至于衬衫里面需不需要穿背心或者短袖内衣，这个没有统一的做法，中国人在衬衣里面大多习惯穿件内衣或者背心，西方人则几乎都是不穿背心。如果在里面还穿背心的话，一定只能选择白色，同时注意不能让里面的内衣衣物在颈口处露出来。

领带的长度随意。男士佩戴领带的下摆长度并不是随意的，早年我管理线下零售实体门店时，好几次发现店长们大多喜欢领带留得很长，甚至到了腰带以下十几厘米。我对此很惊奇，但对方说，官职越高，领带应该越长。我连忙制止并告诉店长们，领带下摆的长度大致就在腰带处，太长的话会被误解的。

繁复的腰带扣。不要选择那种有钢钉、复杂装饰图案的腰带，腰带材质最好是皮质的，选择庄重、简单的工艺风格。这个部位并不需要吸引人注意，不要让腰带喧宾夺主。

顺便提一句，一些美资公司有周五便装日的传统，在一些大企业尤其流行，也就是每个正常的工作日都有正规着装的要求，但是周五除外。因为第二天就是周末了，周五大家可以放松一些，而且绝大部分公司周五这天重要的商务洽谈比较少。还有的公司实行周五无领带日，即这一天无须着西装上班，也不用佩戴领带。

关于职场着装的规范和常识，对此，国内的普及教育尚未跟上。我曾经观摩过国外十年级（我们的高一年级）孩子的 Formal Day（正装日）着装，很有感触。那是学校每年一次的正规着装晚宴活动，由校长夫妇或者年级主任夫妇邀请全体十年级学生参加，十个人一桌，每位学生都得事先准备好当晚需要的服装和配饰，一般男生穿晚礼服，女生穿宴会裙装。男生还需要提前约上某位女生，作为当天晚会的女伴。傍晚时分，几个男生一起凑钱租一辆礼宾车，来到你所邀请的女生家里，拿上一束鲜花，经得对方家长的首肯，邀请女生上车赴宴。晚餐是正规的西餐，全套餐饮服务可比照正式宴会的规格，侍应生一律穿白色衬衣、黑马甲，手持餐巾一一迎客入席。餐后的舞会是圆舞曲，由校长夫妇跳第一首曲子，接下来每对男女学生结伴双双步入舞池。最后男生再负责把女生送回家中，活动才算结束。别看那些平常吊儿郎当的半大孩子们，这天晚上一个个表现得都非常有绅士和淑女范，最重要的是，学校通过这样的活动，让孩子们早早就懂得成人世界的基本社交礼仪。

说到职场着装，不得不专门提到互联网行业。

互联网行业的着装比较特殊，这种反传统的着装风格大约可追溯至苹果公司创始人的乔布斯，他每次出场都是 T 恤衫牛仔裤。随后，绝大多数的互联网公司创始人和 CEO 都告别传统西装，以更加随心舒适的穿着引领职场着装的新潮流。有一个段子说，某位刚刚走出校门的应届毕业生前去一家知名的互联网大厂面试，按照大学毕业前老师的事先培训，为了显示郑重，他特意穿西装打领带，结果一进门被认为是推销办公用品的销售代表，而被拒之门外。

2008 年，我在杭州负责天猫商城的筹建。在上线准备的过程中有一个重要环节，就是在全国十几个主要城市召开招商会，邀请品牌商家前来洽谈合作条款，并讨论入驻开设旗舰店事项。为此，我们提前订好了宾馆会议大厅，赶制电商平台介绍手册。入驻合同模板准备好了，机票、酒店也都订了，第二天我们就要出发去上海，这是招商活动的第一站。我突然发现，几十位负责做商务接待和谈判的男同学（内部称呼为“小二”）各自的衣柜里几乎都没有西装。“你们就准备穿这样一条牛仔裤去见欧莱雅全国销售总监?”情急之下，我连忙通知大家提前下班去买职业西装，据说当天晚上杭州几家百货公司的男装柜台前光顾的大多是我们公司的同事，他们的生意比平常火爆了许多。

的确，着装是互联网公司区别于其他行业的重要识别特征。不过，在互联网公司上班可以休闲随意，但不等于没有一点规矩。

互联网公司男士最普遍采用的几种服装如下。

T 恤衫。便宜，容易打理，大多不用熨烫，百搭。

格子衬衫或条纹衫。各式大小不一的格子，粗细间隔的条纹，不知不觉让人想到代码的排列组合，如果到了夏天还可以把袖子剪掉，成为短袖格子衬衫（开玩笑）。

冲锋衣 / 连帽衫。保暖耐脏，可以兼顾各种使用场景，下班后直接去健身房或者在公司加班过夜都很方便。

互联网公司男士主要关注的还是上衣，裤子大家关注的不多。牛仔裤、休闲裤是他们最为常见的标配。

不过我得提醒你一点：虽然可以随意穿搭，如果基本的行头不对，那就很容易让地铁里那位天天打照面的美女说：“一看你就是 IT 民工的模样。”

科技男也可以很潮，至少不能显得太逊色，这里有几个大家需要注意的地方。

尽量不要总是穿公司发的加印 Logo 的 T 恤。除非是参加某些特殊的活动。带 Logo 的 T 恤有纪念意义，很多互联网公司都喜欢利用不同主题给员工发 T 恤，如新品上市、平台改版、年会活动，等等，这些 T 恤作为收藏可以，却不宜当成每天上班的常规服饰。想象一下，一群人挤在办公楼电梯间，穿的都是清一色的 Logo T 恤，是不是很像穿着“只生一个好”Logo 的 T 恤在马路上发传单的大婶？何况人家大婶如今都不这么穿了。

别穿篮球鞋。不知道是不是因为男生在学校的时候爱打篮球，我观察到初入互联网的男同事有相当比例的人习惯于穿篮球鞋上班，这实在不是一个好的选择。首先篮球鞋不透气，一天下来你的脚免不了有异味，而且篮球鞋的设计初衷是保护脚踝的，鞋子偏硬，不利于长时间坐在电脑桌前的脚部血液循环。相比之下，休闲鞋是更为理性的选择，现在已经不是一双运动鞋能应付各种场合的年代了。

尽量穿带领子的 T 恤或者 Polo 衫。无领子的套头 T 恤衫固然可以穿着上班，但毕竟过于随意了。有人在夏天的时候，直接把北方大爷路边纳凉的白色文化衫穿到公司，那就是自毁形象了。

说到这里，有人可能不以为然，觉得扎克伯格、雷军也都穿得很随意，这里引用的例子没错，但参照对象错了。如果你真成了小扎或者老雷，穿大短裤上班都是一种风格，可惜我们都还是普通打工人，基本的穿着规范还是要遵守的，否则被认为缺乏品位、邋邋遢遢，吃亏的只有自己。

» 每天换衣服图个啥

我推荐职场着装保持一个良好的习惯：日更。

这实际上是多年沿袭下来的惯例。办公室上班的白领，不论男士女士，绝大多数人应当每天更换衣服。以男士为例，多数人不会选择每天更换西装，但是衬衣袜子是需要每天都换的，领带更应该每天更换。连一向大大咧咧不讲究的美国人都觉得，上班连续两天佩戴同样的一条领带很不吉利。至于女士如果你今天穿的与昨天一模一样，容易被解读为你昨晚夜不归宿。

每天更换衣服这种习惯图的是什么呢？这不是做作，而是职场上彰显卫生、形象、礼仪等细节的关键。

每日更换衣服可以保持良好的个人卫生，给同事一种接触更舒适的感受。有人或许会反驳说："我不在乎，我觉得舒服就行。"或许程序员和从事技术研发的人员属于最不在意换装的人群。其实不尽然，在任何一个办公环境，干净整洁是第一重要的，否则你即便穿名贵的西装、戴大牌子的手表，或者发型做得漂亮，如果你的形象邋遢不干净的话，一切都无从谈起。

每日更换衣服有助于提升个人形象。办公环境里，如果每天你的衣服光鲜干净，每天都有新的面貌，通常给人一种朝气蓬勃、阳光向上的感觉。有一位在上海工作的职场女白领给我留言：我隔壁工位的男生，两三天穿同一件衬衫，他自己不觉得有什么，可在外人眼里实在活得太粗糙了。如果你连自己的穿着都不在意，又怎么可能在意你身边的人呢？更何况现在是夏天，衬衣T恤都是贴身的，下班不换掉第二天就接着穿，自己闻着不难受吗？为何不让自己看起来清新可爱一些呢？中国有句俗话叫"以貌取人"，如果你总是一副邋遢样子，在形象上就矮了一截。一个每天衬衣雪白、干净明亮的职场人士自然会让人对他有种信任感。连续一周穿一件皱皱巴巴的外套，衬衣上的一块污渍能留三四天，这样的人更不容易获得同事的好感与信任。不信回忆一下自己过往的同事圈，那些在职场上着装不拘小节的人很少有光明的职业前景，因为人们从你的着装上观察的不是衣服本身，而是你做事的态度。因此，个人形象管理是职场生涯中非常重要的一部分。

就职场礼仪而言，每天更换衣服，很大程度上是对同事的一种尊重。如果你今天穿的是昨天上班的衬衣，就有点类似早上起床没有刷牙就出门会客。曾经有一位法国同事跟我开这么一个玩笑，他说不太理解办公室有些员工同一件衬衣能够穿一个星期，在他看来，这就好比一部电影连着演了 5 天，每天都不换片子，别人早就看腻了。他并不仅仅从是否干净卫生的角度来看这个事，而是觉得每天更换衣服是对他人的尊重。很多年轻的同事不曾想到这一点。职场服装在一定程度上是形式与实用并重的。如果单纯为了舒适，睡衣、睡袍、背心、裤衩、拖鞋都比职业装舒服几十倍。永远不要忘记，得体着装是对周围人的一份尊重。需要强调的是，我们这里说的每天更换衣服并不是说要有名牌服装相衬，而是要干净利索。再好的大品牌服装，如果穿着搭配不得体，清洗熨烫不及时，反倒让人觉得缺乏品位。

从实践看，职场白领多着正装，男士以西服套装为主；互联网企业与科技公司男士可以穿衬衫 T 恤，女士通常是以各式裙装为主。西装外套无须每日更换，但衬衫、内衣、领带、丝巾不宜连续穿戴。有些喜欢偷懒的年轻人会变通式地穿着隔夜衣，即在秋冬季节，只穿了一次就换下来的衣服先不马上洗涤，而是把它挂到衣柜上，等到下周找一天再穿一次。从个人卫生角度看，衬衫和内衣、袜子都是需要天天换洗的，职场正装搭配的衬衫多以纯白、浅蓝和各种浅色条纹为主，但由于正常人皮肤每天都要分泌大量的油脂、汗液等新陈代谢物，领口、袖口容易脏，别人一眼就能从你的袖口、领口判断出你的个人卫生习惯。当然，如果你觉得卫生上没有问题的话，稍微做一些变通倒也无不可，但是切记千万不可重复穿着已有污渍的衣服。

如今大家的生活水平已经完全不同于 40 年前计划经济时代，十几件上班穿的衬衣、十几条西裤、五六套西服对于绝大多数职场人士来说都在可以承受的费用范围内。所谓人靠衣装马靠鞍，既然着装是一个潜在的得分项，为什么不稍微花点精力，让自己的风采更加出众?

如果还想更加讲究一些的话，那么可以考虑定制一些带有个人 Logo 的衬衫领带或者丝巾，这不需要花太多费用且能把自己形象提升 N 多个档位。我本人喜欢带有自己名字缩写字母绣字的衬衣，可以绣在胸前左侧或者领口、袖口，这种个性化的定制衬衫及 T 恤裁剪合身，Logo 本身更能彰显自我塑造的价值。下一次碰上上司或者老板过生日，若不知道应该送给他什么礼物的话，不妨找一位好裁缝定两件衬衣送给对方。

今天，你换衣服了吗?

» 职场礼仪你真懂吗?

人在职场，免不了会碰上各种职场礼仪。现在人们已经不像五十年前那么讲究名目繁多的礼节了，尤其是在年轻人居多的行业。但礼仪不仅仅指上班着装或者个人举止，很多时候，你与你的同事，你的上司下属，还有商务客人之间的得体相处，直接关乎你作为职场人的形象以及所在企业给人的印象。当然这本书不是关于职业礼仪的专业书籍，我也无意在此充当礼仪讲师的角色，但身在职场，还是有一些最为基本的规范应当了解并遵循的，这些规范有些已经约定俗成，有些则是随着文明的发展陆续形成的。

先来说说职场沿袭已久的一些礼仪规范。

问候、介绍时，要记住长者优先、尊者优先、远者优先。如果是介绍上级与下级认识时，先介绍下级，后介绍上级；介绍长辈与晚辈认识时，先介绍晚辈，后介绍长辈；介绍同事、朋友与家人认识时，先介绍家人，后介绍同事、朋友；介绍来宾与主人认识时，先介绍主人，后介绍来宾；介绍女士与男士认识时，先介绍男士，后介绍女士。

虽然并没有硬性的关于介绍的规矩，但是身为职场人必须要了解这方面的基本礼节。不论是高管还是职场新人，与商务客户打交道时如果介绍得体，有助于后续合作的顺利展开。在较为正式的场合，介绍的习惯规则是，先把年轻人介绍给年长的人，把男性介绍给女性。而在介绍某位人士时，先提某人的名字是对这个人的一种敬意。例如：这位是陈XX，某食品公司销售主管。有些时候我碰到人家向我介绍新认识的人时，总喜欢过分渲染对方的头衔，特别是好几个职位连在一起，反倒会让我一个也记不住。而在非正式场合，介绍可以更为轻松、不用拘泥。另外，在非正式场合，特别是多人聚餐的场合，随机介绍也可以是一个轻松随意的方式。如果碰到你不认识的人你想主动洽谈，一定要掌握首先自我介绍的原则，千万不能一上来就问唐突问题，当介绍人作了介绍以后，被介绍的双方应互相问候。对于长者或尊者，起身致意或者头部上扬都是表达礼貌的传递方式。

握手、拥抱时要学会正确的握手礼、拥抱礼。传统上，先伸手的一般为长辈、身份较高者、女士、主人等，如果需要和多人握手时，应该按照由尊至卑的次序依次进行，多人同时在场需要握手时切忌交叉握手，就是不能一个人的手伸出去跨在另外一个人手的上方。如果你已经伸手准备握手而对方没注意到，可以微笑着收回自己的手。至于对方刻意不回应你已经伸出的手，那就是一份敌意，这个时候难堪的不是你，而是对方缺乏基本礼仪，受到鄙视的一定是对方。就像当年在日内瓦的国际会议上，美国国务卿杜勒斯拒绝与周总理握手，由于美国人演了这么一出“戏”，导致数十年后尼克松访华时，一走下飞机舷梯，他远远地就朝周总理伸出手来，以示迟到的歉意。当然，关于握手的规矩，有些宗教规范我们需要了解，例如，穆斯林妇女在社交场合并不与男士握手。

握手时应伸出右手，标准姿势是两方相向而立，距离几十厘米，上身微微前倾，右手四指并拢，拇指伸出，用右手手掌和手指握住对方的手掌，在握手的同时，目光直视对方，面带微笑，用力适度。特别要注意的是，与女士握手时不能过分用力。如果你与对方相互熟悉而且较长时间未碰面，可以双手相握，并以左手覆盖住对方右手，以示亲切。

关于握手的一个禁忌：当手上水渍未干，或者这时候手上刚好有污迹不干净的时候，可以挥手示意，或向对方说明、道歉。这可以避免直接与人握手，让对方难堪。

关于拥抱。国内职场不经常有同事之间的拥抱，以前这种礼仪只局限于接待外宾访客。不过随着国际交往的增加，现在国内职场逐渐也有些同事拥抱的场合，特别是在庆祝新品上线、公司上市、职场提拔这样的喜庆场合，或者当同事远途差旅归来，作为上司和亲密的同仁，会互相拥抱表达喜悦。

与握手相比，职场拥抱更需要掌握好分寸，尤其是与异性拥抱的场合，如果是男生之间拥抱，大家习惯于相互碰肩，或高举双臂膀环绕，拍拍背等，女生之间也可以直接搂抱显示亲昵。但如果是男女拥抱，那就需要保持一定的距离，男生只可以上身前倾，切记不要让身体靠近对方；同时用手臂轻轻搂抱女方肩头，不要用力，更不宜贴住对方身体。如果碰上拥抱的场合你本人并不想呼应，可以借助一些障碍物，例如，桌子、茶几或者同事，从而调整自己的空间位置，隔着办公桌拥抱，就变成是一个礼节而已，基本不会有身体的接触。当然，也可以直截了当："对不起，我不大习惯拥抱。"或者找个借口，例如，告诉对方你感冒了，这些都是经常使用的回绝方法。

等电梯的时候，除非你和特别熟悉的同事在一起，否则等待时最好站在离电梯远一点的位置。直接正对着电梯厢体门口站立，被认为是一种很不礼貌的行为，除非你有特殊的原因，例如，正在处理紧急事项，或者需要迎送尊贵客户，等等。进入电梯后应尽量朝电梯厢体的两侧或者里面走，不能挡在入口处。特别要提醒的是，除非只有你和另一位同事两个人，若多人乘坐电梯，交谈说话一定要轻声，千万不能大声接听电话。如果是与上司 / 领导一同乘梯，礼节上应当让对方先上先下，你可以一手按住开门按钮，让对方有充分的移动时间。有些人喜欢用手挡住电梯门，这样的做法实际上并不妥当，一来这个动作具有一定的危险因素，二来不雅。你试图用手臂阻挡电梯，弄不好会发生与其他乘梯人的身体接触。

电梯礼让电梯是写字楼最常用的上下交通工具，如果等候电梯以及在电梯里遇到上司及异性同事，特别是不期而遇撞到大老板，该怎么处理？这是很多微信群都经常讨论的问题。

"在电梯里突然单独与老板在一起"这个场景，被很多公司的无记名投票评为最尴尬的职场场景之一。我完全能够想象出这份难堪的画面，此时的你一定站立不安，在电梯狭小闭塞的空间里，你和老板两个人几乎都无处可逃，莫名其妙几分钟独处的时间，真不知道应该如何打发。这时候你作为一名小员工，如果什么话都不说，会显得很不礼貌，气氛似乎会很尴尬，但是

又不知道该如何开启话题。对此我有几个建议。首先，如果有可能，可以回避这样的场景。你正等候电梯，当准备步入电梯厢体的时候，老板进去了，赶紧和对方点头示意一下，拍一下脑门做出忘记什么事的样子，错过这趟电梯，这是上策。实在回避不了，恰好与老板同在一个厢体里面，可以微笑保持礼貌，不要没话找话。少说话恰恰是在电梯里博得老板好感的最佳方案，有些职场戏精喜欢在这种看似偶遇的场合刷存在感，甚至借机报告自己的工作，其实对方对此并不买账。因为在这种场合，大家都希望能熬过去这两分钟，除非老板主动和你交谈，否则不如给人家一点独处的空间。需要注意的是，当对方向你打招呼的时候，你需要自报姓名："XX 总您好，我是市场部的 XXX。"人家老板记不住你的名字很正常，主动做个自我介绍可以替对方解围。接下来等电梯到达目标楼层，你可以按住开门按钮，礼让对方走出。

了解、掌握并恰当应用职场礼仪有助于完善和维护职场形象，更能在不经意间储蓄升迁提拔的附加分数。成功的职业生涯并不意味着每个人都得才华出众，举止得体被证明是不可忽视的关键因素。

除了上述的传统职场礼仪大家相互遵循多年以外，新的职场礼仪，特别是交谈禁忌我们也需要有所了解。例如，严禁讨论同事的收入，不能打听别人的宗教信仰、性取向、婚姻状态，等等。每个公司都会有些"包打听"的好事之人，喜欢四处了解同事私密，并以此刷存在感。对于这样的行为和议论，奉劝各位敬而远之，因为，职场是挣薪水干工作的地方，不是八卦天地。我曾经有一位新加坡籍女下属，她是一位特别优秀的计算机产品经理，就是因为有两位好议论私事的行政专员到处说她单身未婚性冷淡，搞得当事人无法忍受，只得辞职离开。当我知道这个消息的时候，这位工作表现出色的产品经理已经入职新公司，我通过人力资源部门费了好大力气才说服本人回来复职。与此同时，将那两位绕舌头的碎嘴员工解聘。

» 警惕你的口腔异味

在办公室密闭环境里，大家都是近距离的接触，如果某位同事是一个有身体异味尤其是口腔异味的人，很容易引起周围人的高度不爽。

恰恰很多人自己没有意识到这一点。都说自己有异味的人本人是感觉不到的，周围同事对你的异味心存反感，但是碍于同事的面子，通常人家不会主动告诉你。如果是在一个狭小的会议室开会，或者格子间的工位区，紧挨着一个有口腔异味或者身体异味的人，真心是挺令人懊恼的。

其实任何人只要稍微留意一下，就会发现自己有没有异味。有没有过当你凑上前去问事情，或者紧挨着别人开会要张口说话的时候，边上的人很难堪地把身子往后一靠，或者用手捂住半边脸？这时就要警觉了，查一下你是否有这方面的问题。

如今的年轻人，尤其是从事互联网行业的人，出现口腔异味的比重高了许多，这大概与他们整天久坐不动、消化系统不畅通有关，饮食方面缺乏蔬果维生素也是口腔异味的原因之一。从事高科技行业及做技术开发的从业人员，有这个问题的比重较高。我不是这方面的专家，口腔异味的产生原因和治疗手段网上随处可见。我想说的是，作为自我形象的一个代表部分，这是值得许多职场人士关注的环节，否则穿着再光鲜亮丽，一张口能把旁边人熏倒，那才囧呢。

如果当你意识到自己有口腔异味的时候，千万注意要找好的办法及时治疗，至少多漱几次口也能缓解异味，不要让这个环节影响职业生涯发展。不瞒你说，HR 在招聘时，有些人就是因为这个原因落选的。原因很简单，人家不想把这种异味带给公司里别的同事，这一点可能很多职场新人没有意识到。同样，如果你有这个问题，一旦有升职机会，你的上司（特别是异性上司）不免会存有顾虑。所以，从个人职场发展和形象塑造的角度看，每个人都应当意识到口腔异味如今已然成为办公楼白领阶层普遍存在的现象，需要及时了解自己是不是有这方面的问题。如果有的话，应及时采取防范治疗对策。

接下来我们聊一下实际场景的处理，对于每天在办公室长时间停留的职场人士，怎样对待周围有口腔异味的同事？

匿名告知。很多人是不知道自己有异味的，一来这种问题当事人不知，二来有这种问题的人，通常对于周围人的反应都不是很敏感。如果对方是异性同事，且是自己的上司或者更资深的员工，我透露一个非常实用的好办法：随便用一个第三方的邮箱，给这位同事发封邮件，告诉对方他 / 她有异味问题，让他 / 她知道有不少周围的同事都因此受到困扰，还可以附上一些相关处理方法的链接。这种匿名方式既提醒了对方，又巧妙避开了相互的尴尬。

角度。不得已需要和对方交谈时，尽量避开对面相坐或者面对面对话，选择同一个方向比邻而坐，也可以站立保持一定的距离交谈，这样可以有效减少异味的侵扰。

巧妙传播礼物。同事之间时常有庆祝活动，如在生日、入职周年庆当天相互赠送小礼物的习俗，如果对方与你同在一个部门或者工位相近，可以寻找一个适当的机会，送对方一点小礼品，例如，漱口水、口香糖，等等，这个方法对于同性别的同事比较合适，异性同事慎用，它的隐秘之处在于希望对方能明白你的用意，但又不能理解得太透彻。

自我防卫。当然这是非常不得已的办法，例如，添置一些空气清新剂、保湿喷雾，遇到实在难受的时候，使用香水也有助于减少周围异味对自己的影响。

直言相告。这是最后一个办法了，如果其他的暗示或者提醒都不起作用，只能找一个合适的机会，单独告诉有口腔异味的同事，让他明白自己有异味的问题。说话的语气尽量和缓一些，用一种关心的口吻。例如，不妨先关心他：最近肠胃是不是有问题？有没有口腔溃疡、上火？建议他去做个检查，顺带说明这段时间感觉他有口腔异味，从身体健康的角度提醒对方应该多加留意。如果把这层话语直接挑开了以后，接下来的意见建议都很容易跟进，例如，告诉对方你家里人也有类似问题，可能是口腔环境失调、肠道消化不良等因素引起，可以试着使用什么什么药物，或者咀嚼茶叶等。

» 如今男士也化妆

分享一个很多人或许没有想到的热销品类，可能你会对此感到吃惊。

在过去几年，男性肌肤保养和面部护理产品，是整个美妆护肤大类销售增长最快的一个领域，几年间平均年增长率超过 150%，涨幅远远高于女性护肤品类。

这个数字乍一听会让人有些吃惊，因为我们总是以为，女人天生爱美丽，护肤品自然应该是女人的东西。其实不尽然，这种情况正发生着变化。以前男性化妆大多见于特殊人群和特殊场合，例如，播音员、演艺人员，或者去参加亲友的婚礼。除此之外，其他日常生活场合或者工作环境里，男性是不用化妆品或者护肤品的。时光倒退十几年是这样，但今天的职场则不然，尤其是对于年轻一代的职场人士。

从使用者的比例看，香水一直是职场男性最常用的个人护理类商品，这个习惯已经延续了上百年。国内职场男性用香水的比重一直不高。香水使用有很多学问，包括香型的挑选、对应场合的匹配、个人风格气质的契合，等等。男士香水虽然没有女士香水那么复杂，但是基本的框架也是有的，如果给自己喷上原本在晚间上酒吧用的那种浓香型香水，穿西装走进办公室，难免显得突兀。至于说到观念，很多人总以为香喷喷是女人的特征，男人粗糙一点更帅气。不过，随着国内写字楼的升级，以及办公环境的改善，在国内的一些大中城市，男士用香水的比重呈现上升趋势，特别是在珠江三角洲和长江三角洲流域的主要都市。

真正让男士护肤和化妆品异军突起的，是年轻一代职场人的新消费习惯。这几年网上销售增长最快的男士美容护肤用品，包括男士洗面奶、男士 BB 霜、素颜霜、爽肤水、男士唇膏。厂家抓住用户需求的特点，在研发设计的时候，男性护肤更多考虑到男性肤质的特点，比如，具有较强的去除污垢、清理毛孔阻塞、防止皮肤干裂能力等，香型方面也会选择一些更适合男性的

草本植物。以我现在所在的公司为例，我做了一个大致的测算，公司里“90后”的男士同事大概有一半以上是男士护肤品的常年用户。如果我们试图用年龄段做一个横向切割的话，据我多年从事零售的经验，我发现“85后”“90后”这个年龄段是一条切割线，因为“85后”“90后”的新一代男性职场人士，普遍具有护肤品方面的美容美颜消费需求，而且他们大多知道自己需要什么。相比之下，他们上一代的男性用户，基本还是停留在最基础的身体护肤阶段，如沐浴露、身体乳，最多加上一个预防夏天出汗的香味滚珠。不久前，我读到小红书App发布的《2020年美妆洞察报告》，里面介绍说“他经济”中护肤美容消费成为一个新时尚，越来越多的男性加入美妆商品的消费阵营。其中，67%美妆用品消费的男性用户来源于“90后”。某调研报告显示，在对男生化妆的看法上，63.5%受访者认可男性化妆行为，毕竟爱美之心人皆有之。当然也有16%受访者不以为然，认为缺乏阳刚之气。相比较而言，年轻一代对男生化妆的接受度更高。

不能否认，职场一直有“以貌取人”的习惯。好看的容貌、整洁的外观，能给人留下美好的第一印象。男士化妆当然远没有女士那么复杂，通常用BB霜或粉底修饰肤色、遮盖一下痘印等，让人看上去很干净。其次是修眉以及打理胡子，留胡须或者刮胡子是个人的选择，但必须有一个干净清爽的容颜。我们公司前段时间新入职一位“95后”的新员工，穿着打扮都很时尚，喜欢化妆，很潮范儿，深受女同事们的欢迎。有一次，他上班迟到很久，也没请假，本来要参加的一个业务会议都给耽误了，后来人力资源部经理问他，回答是：“早上起床后发现公寓停水，不能化妆，只好出去买瓶装饮水用来化妆，所以耽误上班了。”

这也可以？

我曾经在其他地方提到，过去几十年，我在国内见证了好几个具有鲜明发展特征的时代，如小时候所经历的农业时代、成年后的工业时代、如今的信息时代。在这样的发展进程中，人们的审美观念也在悄然发生着演变。以前崇尚武力，肌肉男大块头是英雄的象征，代表的是农耕时代所追求的价值观——谁的力气大、胳膊粗，再加上一身正气，谁就是被人膜拜的对象。在那样的原始耕作时代，追求男子气概的要求是高大威猛、不拘小节，皮糙肉厚被视为是具有生存能力。如今新一代人的价值观正发生着急剧变化，人们更多以技术或智力取胜，从事互联网的白领成为职场中备受青睐的人群。于是不知不觉间，大家对男士的审美要求变得越发精致起来，在职场越发注重“颜值与气质”的大环境下，无论是求职还是商务洽谈、相亲，拥有一个精致的面部形象不仅能够增加人们的好感，还可能带来无形的好运。如今职场对于男士颜值的要求的确不同于三十多年前背着帆布包、骑一辆破旧自行车上班报道的样子。为了适应这个时代对于男士的颜值期待，男士化妆也就自然而然成为一种时尚。爱美是人的天性，不分性别。社会的进步与发展催生了新的审美观和价值观，这是信息时代展现给我们的又一个新的变化。我本人理解并赞同男性职场化妆，这是时代进步的表现，好的妆容、干净整洁的外表总是让人赏心悦目。尤其在一个很密集的办公环境里，如果你的邻座是一位不修边幅、身上散发着陈年味道的人，总会影响你的心情和工作效率。男士在职场适度打扮自己，是今天这个时代的一个全新的标志。

第六篇

充电为了跑更远

他山之石：让别人的经历成为你的财富

» 那一趟国泰航班

有件事情如今过去很多年了，但始终留在我的脑海里。每次说到普通员工的一举一行如何影响公司顾客的满意度，我总会想到这个例子。

大约在 20 年前，有一次，我从香港地区乘坐国泰航空的航班飞往悉尼，路上大概有 9 个小时的飞行时间。飞机起飞后，我想看一会儿书，就举手去按座位头顶上的阅读灯。没想到这个阅读灯坏了，于是我顺势按了服务铃。空姐过来，看到我座位阅读灯不亮的情况，她先是向我道歉，说两分钟以后她会回来。过了两分钟，她过来告诉我："先生，很抱歉这个阅读灯影响了您，我在前面几排几座那里，替您安排了一个空的位置，麻烦您过去那边坐，以免阅读受到影响。"我谢过空姐，一想，也别折腾了，就接着说："算了，我也懒得挪动，不能阅读我就睡觉好了。"所以我就没有挪位置。

在我看来因为只是阅读灯不亮，这本身是一个很小的问题。空姐很重视这个问题，也提出了很好的解决方案，我心里没有感到任何不爽，这个事情应该就算过去了。可是让我没有想到的是，到达目的地后，当我走到机舱门口准备出机舱门的时候，那位曾经服务我的空姐叫住我，说："先生，请您等一下，我们的机长要和您说两句。"然后国泰航班的机长走上前来，很郑重地跟我说："黄先生，非常抱歉，因为我们的设备故障给您的行程带来不便，代表机组诚恳地向您致歉。"同时递给了我一个信封，说这是他们一份歉意的表示。我打开信封，里面是一张面值 200 美元的购物券，可以在国泰任何一个航班上兑换免税商品。

这一刻，作为顾客，我被他们的服务精神和主动承担的职业责任感真心感动了。

也许你会为对方的这种服务点赞，但并不觉得这有什么了不起的。那么我接下来再讲一个反差度极大的例子，请对比一下。

有一次我乘坐另一家航空公司的航班，也是凑巧碰到和上文描述类似的情况：阅读灯不亮了。因为飞行时间不长，也不能睡觉，我准备看书来打发时间。想起上次乘坐国泰航班的经历，所以我按了呼唤铃，请空姐过来帮助处理一下。空姐过来看了一下，结果只甩了一句话，她就这样把一家大型航空公司在我这个消费者心目中的形象调低了八度。

她不以为然地说："哦，这个我们知道，已经有半个月不亮了。"说完，这位空姐径直离开了。

通过这件小事的不同处理，大家有没有看到反差？

同样一个问题，有截然不同的解决办法。作为顾客，你会更留恋哪家航空公司？哪一种处理方法给你留下更深刻的印象？下一次选择航空公司你会选择哪一个？答案是显而易见的。

任何一位职场人士，当你穿上制服的时候，代表的就是公司形象，处理问题的方式方法会直接影响到客人对这家企业的印象，一举一动传递的是所服务的品牌的形象。都说服务无小事。很多时候，客人在意的不是你赔付多少，而是诚恳的态度与设身处地为其着想，对于这样的要求只要带着服务的心态，并不难做到。

有一次我拜访一家大型的教育培训机构，他们在全国拥有近千家教学网点，陪同我前去参观的是这家公司的总裁。原计划那天我们要在西安市区走访三个不同教学点。刚刚到达第二个教学点，走进门厅的时候，突然人声嘈杂，几个工作人员行色匆匆。一打听，原来是一位授课老师突然癫痫病发作，被紧急送往附近医院。这时距离英文辅导课上课时间只剩下五分钟，这位西装革履的总裁把外套一脱："我来吧！"随即叮嘱在场的其他人陪同我去下一个参观地点。就这么一个动作，让我觉得这是一家踏踏实实做事情的企业。

说到顾客服务，这几乎是任何经营性企业最常碰到的工作环节，它关乎职场人的职业表现，关乎企业和品牌形象。往深层次说，最终关乎的是用户留存问题，是关乎企业存亡的大事。在互联网信息时代，我们经常讨论的、所有在这个行业工作的人都共同面临的一个难题，就是如何有效减少用户的流失率。以网上购物行业为例，在今天的电商企业，大部分二线、三线的电商公司以及无数在大平台经营的网店，3 年后的顾客存留率只有 20%~25%。换一句话讲，你辛辛苦苦获得的顾客，3 年以后差不多有 80% 流失了。更要命的问题是，获得一个用户需要大量营销资金。获客成本每一年都在持续上涨，平均算下来，每个用户的获得成本，按照他购物所产生的毛利率来计算的话，差不多要 3 年才能弥补回来。如果说顾客在 3 年之内离开你的话，这个获客成本最后产生的回报率将会是负数。

导致顾客流失的原因很复杂，其中一个容易发现并改善的方面，就是售后服务。我们都知道维持好的顾客满意度的重要性，但是当顾客对服务、销售产生失望、不满的时候，选择以什么样的方式做售后投诉处理，这一点恰恰是能否挽留住顾客、能否避免顾客流失最关键的环节。就像前面提到的，两家航空公司的航班人员，处理同一件事时，两种截然不同的处理态度，无疑对用户留存会造成截然不同的结果。当顾客对你的服务和商品不满意的时候，如果你处理得好，反而是你留住这个顾客的一个很好的机会。可惜绝大部分的职场人不太善于从这个角度考虑问题，觉得用户投诉是个麻烦，白白丢失了一次品牌营销和留住用户的绝好时机。

» 德国地铁不验票

有过在德国工作或生活经验的人都知道，德国各大城市的地铁都是不查票、不验票的，换句话说，城市各个地铁出入口没有检票设施，进出地铁无须任何检票验票动作，每个人自行买票乘车，上车就走，不管你用的是单次票、往返票，还是周票、月票，各个地铁站口均设有自动售票机。人工售票窗口只限于大的站点，小站点在夜间和周末是不开放的。如今，越来越多的人选择通过线上 App 方式购票。

也许读者朋友会问，那如果有人逃票怎么办？我听说对待逃票的处罚是罚款五十欧元，加留当事人的失信记录。我曾在德国生活过挺长一段时间，商务出差更是不计其数，我本人倒是从来没有碰到过德国地铁验票的事，长途火车例外。

有人觉得，这样的做法不就是纵容逃票行为了吗？

这里有一个 1% 和 99% 的概率问题，这不仅仅涉及用户体验问题，更涉及管理成本的优化和良性的社会导向。

在上述的场景里，铁路部门相信 99.9% 的人是不会逃票的，如果为了防止 0.1% 试图逃票的行为，而采取各种验票查票手段，影响的其实是 99.9% 人每日通勤的出行便利。要知道地铁和长途火车不同，地铁是城市居民几乎每天都要使用的交通工具，尤其对于上班族而言。但凡要查票验票的地铁，出入口都是排长队。这个关卡一旦设立，地铁公司也会增加额外的人力成本。这就好比前些年国内许多超市总是习惯于在出口处设一个岗位，查验每位购物顾客的小票，这其实完全是流于形式。这不仅起不到防范偷盗的作用，还增加了超市经营的人工成本，给无数普通购物者带来诸多不便。

除了节省成本，如果一个社会能像德国地铁这样，以一种宽松的方式为普通居民的出行或者办事提供便利，这个社会无疑倡导的是一种良性的、诚信向上的社会风气，而不是告诉每个人处处都要提防，时时都要怀疑周边的人。一个社会如果一直是以怀疑、防范的心态治理的话，导致的结果往往就是每个人都生活得很紧张，处处都得相互提防。而且，对于许多公共事务来说，管理的核心在于疏导和引导，而不是一味地禁止与堵塞，后者虽然能立竿见影，但由此带来的是额外财力投入和无形的资源浪费。如今的大城市，每天有平均几百万人出行，公共秩序的管理是一个系统工程，更是信息时代一个新的挑战，一味靠限制或禁止未必是最好的方法，有序疏导才是现代都市管理的要务。防范措施往往要与每人出行的时间成本结合起来评估，这才是真正的用户思维。

当然，再如何倡导良性循环的社会环境也得惩治恶意钻空子的人，不设查票验票闸口固然好，但如果对逃票的人没有行之有效的惩戒，那对于遵守规则的人显然就不公平。

在这方面，严谨的法律和信用系统起到了有力惩戒的作用。

这里有一件我亲身经历过的事。20 世纪 90 年代末期，我曾受聘于一家德国企业，因此在法兰克福工作了几个月。当时公司面向大学应届毕业生，准备招聘采购助理。在应聘人选中，有一位女候选人，她刚刚从当地商学院毕业，经过了初试、复试。公司人力资源部负责人知道我会中文，特意让我参与最后一轮面试，我也跟那位候选人聊了一阵。后来发聘用通知时，这位女候选人落选了。她特地打了一个电话给我，想问问究竟是什么原因导致她最后未能得到这个职位。我向人力资源部咨询，一开始人力资源部的负责人并不想过多说明这个候选人被拒绝的原因，因为这类问题涉及个人隐私，通常是不对外透露的。可能也是碍于我身为高管的这个身份，人家终于跟我说出真相：这位女候选人的专业匹配度、工作能力等各方面，在所有的候选人里都是最优秀的，但是到最后公司做人选入职前背景调查时，发现她在诚信这一关出了问题。

诚信?

人力资源部的德籍同事告诉我："是的。诚信是我们做背景调查很重要的一个环节，尤其是对于类似采购和销售这些岗位。”而这位候选人在过去几年中，在法兰克福乘坐地铁时有过两次逃票的记录，这两次记录，就像信用卡逾期未支付的失信一样，是会被计入一个人的诚信记录里的。

我一下明白了。在当事人看来，可能由于学生时代不富裕，出门乘车能逃一次（票）是一次，如果几年下来只被罚了两次，一次五十欧元，那么这个罚款数字相较于每次出行买票累计的金额，或许还是划算的。但是除了你每次上车会提心吊胆不说，一旦被发现，个人的诚信记录上面就有了一个难以抹去的污点。这个污点，无论在你今后申请贷款、求职，或者加入公务员队伍时，都将是一个抹不掉的疤痕。曾有人年少无知，偷窃过超市的一台游戏机，后来虽然做了若干次义工和社会志愿者，但每次填报任何申请，这个负面记录却一直无法消除。

» 兴起中的职业经理人

职业经理人这个名词在我国有很长一段时间被曲解了。很多本土企业都反复说明，我们企业不要职业经理人。职场上应聘的专业人士也明确表态：我不是职业经理人。仿佛这个原本代表专业性的词汇成了不受待见的贬义词。

我一直不明白的是，既然大家都认可职业投资人、职业球员、职业律师，为什么偏偏对职业经理人存有这么大的偏见？

在我看来，职业经理人是对企业管理专业人士的一个准确定义，职业经理人这个称呼本身带有令人尊敬的荣誉感，无论在国内还是国外，我们常说的一句话是“你做事够职业”，这恰恰是对一个人工作能力的充分肯定。

之所以出现看不惯职业经理人这个标签的现象，我认为有几个方面原因。

第一，职场中的某些老板希望员工（特别是管理人员）效忠于他。这种环境很难造就职业经理人，因为后者在人格上是独立的。要求忠于这家企业、忠于老板，这在我看来不明智，但事实上很多时候企业考量一位职业经理人的时候，总喜欢问：“如果公司出事了，你还会坚定地和老板站在一起，敢于挺身而出吗？”说到底，这样的企业价值观与职业经理人的信念是不相容的，老板需要的只是听话的人，在这样的要求下，职业经理人必须忠于老板、忠于企业，这与真正的职业经理人忠于其所擅长的职业是两个概念。忠于企业意味着，企业主可能会要求职业经理人做不符合规范，甚至不合法的事情。

有个著名的段子。一个老板问面试的财务总监：“100 元 +100 元等于多少钱？”据说，说出下面这句话的人选，最终被录用：

“100 元 +100 元等于多少钱？ 这要看公司或者老板想让它等于多少。”

由此看来，这家公司不是职业经理人成长的土壤。

第二，当第一代创始人还在负责企业运营的时候，本质上对具有独立思考能力、独立价值观的人比较排斥，哪怕在新兴的高科技互联网行业。改革开放以后，我国才开始实行市场经济，如今的民营企业，大多都是创始人从零开始一点一滴做出来的，第一代创始人的过人之处在于他们普遍具有敏锐的市场洞察力、敢于冒险、相信自己的判断、身体力行。这样的个性，加上企业由他一手创建起来的事实，使得这些创业者一方面在企业快速扩张之后需要引入专业人士，但同时对于独立的意见和见解会持怀疑和不信任的态度。好在随着时间的推移，改革开放后的第一代创始人正在渐渐退出，他们的下一代人从小接受了更好的教育，相比于其父辈，下一代更愿意接纳和相信职业经理人的专业判断。国内很多民营企业存在这样一个怪圈，即企业在开拓期发展迅速，等到企业渐渐发展成熟了，却止步不前，其重要的内在原因在于创始人更擅长开疆辟土，而不擅长规范化管理企业。20 世纪 80 年代我国诞生了第一批民营企业，差不多 20 年后才出现真正意义上的职业经理人阵营。如今，我们看到越来越多的民营企业开始探索所有权与经营权相分离的管理思路，可以说这是民营企业走向成熟的重要标志。

第三，从实际的职场环境看，我国职业经理人的职业素养也还有待提升。与发达国家的同行相比，国内职场人士在专业能力、工作面貌等方面都毫不逊色，但是在保持独立人格方面还差强人意，许多人抱着投机取巧的心态，即所谓的见风使舵、趋利避害。能做事固然是必备条件，但能不能坚持只做正确的事，就很考验一个人的职业道德底线了。职业经理人实际上应该忠于的是这个职业，而不是某家公司。职业经理人要做到履岗尽职，即无论从事哪种职业，在其位、忠其事、尽其力，全心全意把这个岗位职责做好，通过卓越的工作成就赢得尊重和认可，实现自己的人生价值。职业经理人轻易不会愚忠于某个老板，他所效忠的是这个职业，承担着这份职业带来的使命和角色。他不会把自己和老板之间的关系定位为君臣关系。这一点对于许多从事这个岗位的人来说，是一个挑战。

我们所说的职业经理人，是指在一个所有权、财产权和经营权分离的企业中承担企业资源和财产的保值增值责任，并介入企业经营管理的职场人士。如今，越来越多的人走上职业经理人岗位，这首先是企业发展的需要。特别是上面提到随着第一代创始人渐渐退出，今后几十年将会有更多的民营企业从创始人管理转向职业经理人管理。同时，从个人发展层面来讲，很多职场人士具备优秀的专业管理能力，他们不满足于做一个普通打工人的状态，但如果考虑到自己创业受限于资金、项目及跨行业协调能力不足等障碍，那么职业经理人这个职位就很合适，因为他可以以公司执行人的角色介入企业运营，又不用从零开始。毕竟，从无到有与从有到好是两种截然不同的专业技能，创始人擅长的是前者，职业经理人的强项是后者。

那么，如何把自己打造为一名优秀的职业经理人？

首先，职业经理人必须具备良好的职业道德。在拥有专业水平、管理经验、创新意识等基本素质的同时，职业道德是衡量一个人能否被视为职业经理人的重要标准。敬业、忠诚、责任感都是对职业经理人品德的基本要求。职业经理人肩负管理重担，同时也享有优厚的待遇，但支撑他们的不是名誉、利益，而是责任，即对员工、对顾客、对用户的责任，以及对企业、受托人和对社会的责任。这里需要提到一个带有专业术语色彩的词叫 Fiduciary duty（托付责任），这是英美法律体系里对职业经理人一个重要的责任界定，它指的是当某个人或者机构把利益置于受托人（管理就是一种托付）的管控之下时，受托人负有在法律框架内为委托人谋求最大利益的义务。

其次，职业经理人要能够对结果负责。这是职业经理人最低层面的要求。有人认为自己是职业经理人，当一个季度的目标计划没有完成的时候，他马上说这是由于近期市场变化所致。拿着职业经理人的薪水，又缺乏结果导向的能力，只能说明不够格。当年我加入某公司，创始人说希望公司实现从图书销售扩展到百货类销售目的转型，并交代了实现这个转型具体需要多长时间、大约有什么样的量化目标，这就是托付人需要交代的，因为它还仅仅是一个设想。那如何推进这个想法，以及如何把它从设想变为实际数字，就是职业经理人的工作了。

敢于说不，尤其是在与老板意见相左的时候说不，是作为职业经理人最难坚持的一个品质。这种意见分歧是对企业经营方向、定位，以及触及法律风险的决定的分歧。当年我在某互联网大厂担任高管，刚刚上线不久的天猫商城 B2C 平台流量不足，于是老板想把这个新平台和淘宝 C2C 合并。作为 B2C 业务的总负责人，我坚持认为这样的合并在商务发展方向上是完全错误的，这将会导致顾客购物的迷惑和平台治理的不规范。作为底线，我愿意为这份信念去坚持，去反复抗争，哪怕在那个时候我的做法有些不识时务。这是我当年作为职业经理人的信念。我认为不论在哪里工作，职业经理人忠于的都是自己的那份职业。从做事的风格上讲，职业经理大人多是构建型人才，而创始人大多是破坏型人才，相互之间可以包容互补，也有可能彼此互斥。我曾经给某企业创始人画过一张示意图，图上一条上下起伏跳动的波浪线代表创始人，而企业的管理者则应该是一条相对平稳的水平线。一个人要同时具备构建和破坏两种能力太困难了，如果波浪线忽左忽右，即创始人一会想干这个，一会儿想干那个，一会儿想要提速发展，一会儿又想裁人，那么好的职业经理人就要有效平滑这个波动，让企业的发展更加顺畅。这里有一个重要前提，是彼此的信任。创始人接触企业日常运作过多未必是件好事，他可以把自己解放出来天马行空，但受命于企业管理的职业经理人就得有系统思维和系统运作的能力，而不是见风就是雨，一味迎合老板。

再次，职业经理人生存的关键点，在于他需要摆正自己在企业的位置。民营企业一旦走上所有权与经营权相分离的路时，意味着企业的利益将呈现多元化，职业经理人和企业所有者既是利益共同体，也会因考虑问题角度不同产生矛盾。职业经理人说到底是一个以能力作为软资本投入的行业，如今国内虽然有越来越多的企业走向所有权和经营权的分离，但前者的垄断地位及话语权远远强于后者，特别是如果企业的日常运作还涉及创始人家族成员，这往往会给职业经理人管理的天空蒙上一层阴影。虽然我们都明白财与智的结合是职业经理人存在的基础，但对于绝大多数国内企业来说，创始人的放手与信任感需要职业经理人用一步步的行动来获得，而不是天然可以拥有。

» 大公司小公司

我的微博账号“黄若观察”已经运作了将近十年时间，有几十万活跃粉丝，大家时常会讨论、互动。这些粉丝大多是我出版的几本电商行业畅销书的读者，以年轻职场人士为主。经常有人私信我：老黄，当年轻人离开校门走向社会的时候，到底应该选择大公司呢，还是小企业？

如今的就业市场竞争异常激烈。40 年前我上大学的时候，进入高校校门很难，毕业后找工作不成问题。当时大学生的录取比例很低，在我的老家福建省文科生的录取率低于 2%。一旦大学毕业，实行的是分配制，即便想去民营或私营企业，也都是供不应求，各个用人单位都抢着要。现在情形则是反过来的，很多考生都能上大学，但毕业以后找工作成为最难的一个台阶。

在这样的大环境下，每位职场新人对公司类型的选择，取决于你的学历含金量，以及你的个人志向。

首先，明确一下大公司的定义。真正意义上的大公司，指的是那些规模很大、处于行业领先地位、拥有较高的市场影响力、企业内部运作有序、规范度较高的大型或知名企业。这类企业对于刚刚步入职场的年轻人来说，加入的门槛很高，如果你不是重点大学的毕业生，没有优秀的在校学习成绩以及特别突出的专业亮点，将很难挤得进去。我国现在每年有近千万的大学毕业生，具备大公司招聘要求的基本集中在有限的几十所高校和重点专业。大型企业的大学生招聘，大致都以每年一度的校园招聘为主。

如果本身不具备上述的硬件条件，或许就得选择其他的工作机会。而事实上，小公司每年承担了应届生一多半的就业机会。

不妨站在员工的角度，看一下进入大公司和小企业各自的优缺点。

大公司显然有一个十分响亮的名号，有一张拿得出手的名片。特别对于年轻人来说，有一个大公司作为依托，自然觉得脸上有光，保不齐谈个对象，也更加容易通过对方父母那一关。

大公司的价值在于它拥有十分规范的流程，以及专业度很高的同事。企业内部各个部门职能清晰，工作推进更加有条不紊，对于新人来说可以从富有实际经验的同事那里学到许多东西。大多数情况下，在学校学到的只是一些专业知识和理论，而进入大公司历练几年，就能在实际操作中知道每个项目如何分析、数据汇总如何运用、碰到困难或者问题如何协商解决。你将很快掌握企业运作的规矩和流程，学会所处行业做事的方法论，这都是你将会获得的宝贵财富。人们喜欢把大公司比喻为象牙塔，它向所有员工提供了一个比较优越的工作环境，支付了略高于社会平均值的薪酬福利，规划出清晰的职级台阶和晋升门槛。只要完成任务，不犯大的错误，你可以顺着这个金字塔内部的旋转楼梯一步一步往上走。大公司虽然都有工作压力，但是整体的生存环境是舒适的。

而舒适的另一面就是消磨人的斗志。但同时，在大公司里，你只是这部庞大机器的一颗螺丝钉，除了极个别的例外，你对整部机器运作能够产生的影响力是微不足道的。你从一开始看不惯公司内部各种烦琐的流程与没完没了的报告和总结，到慢慢适应它、离不开它；也从意气风发的青年，熬成了肚子微微隆起的中年人；每天上班的座位，从入职时一张一米见方的小桌子，挪到了如今 8 平方米的办公室。这时再抬头朝窗外看下去，发现几年前在路边发传单的那个小员工，这会儿正开着奔驰车驶入停车场，要与公司老大洽谈营销合作业务。你知道，自己如今深陷于这个象牙塔里，即便有感慨有愿望，可能也很难再挪出脚步了，看着外面精彩的世界心有不甘，但那已经是别人的故事。这需要职场人警醒。

小公司的职场发展路径则恰恰相反，它没有清晰的指导流程，没有那么多规矩和条条框框，连公司办公室门口的出租车司机都不晓得你所在这家公司的名号。你不好意思在同学聚会的时候掏出自己的名片，经常在上班时候发现公司的桶装饮用水接济不上，楼道里总是贴着各种各样的小广告：从治脚气的江湖郎中，到上门服务的电动车维修，再到办暂住证的手机号码……

应有尽有。在这种公司你不能指望别人教会你太多东西，一切都得靠自己拿主意、出结果。小公司的特点就是你拥有很大的决定权，对于工作职责范围内的事情在很大程度上可以自行做主。你努力做出一点成绩，就能对公司的发展产生明显作用，一旦业务能力突出，将快速获得赏识与提拔。工作表现优秀的人，半年之内连升三级绝非意外。在这样的企业，只要撸起袖子全身心投入，跟对老板做对事，用不了几年时间，你可能已经处在一个掌控公司整体发展的关键位置。

对于许多粉丝提出的职场择业选择困惑，我有几点建议。

首先，要看自己更适合过循规蹈矩按部就班做事的日子，还是适合过不拘一格、闯荡江湖的日子。你在多大程度上愿意接受风险，特别是选择失败从头再来的风险。职场都是有风险的，大公司也不是避风港。你更愿意在初入职场的早期阶段去经历失败的风险呢，还是把风险压到 20 年以后公司业务重组、你被瞬间边缘化？

其次，还需要考虑自己是否很在意别人的看法，包括你亲戚、同学、邻居的眼光。通常来讲，大学毕业进入一家小公司，周围人怀疑的眼光总是多于赞许的眼光，这就是随大溜的多数人现象。而千万不要忘记的是，这些多数人所代表的，恰恰不是职场成功者的声音，就如同本书开篇第一章我所分享的那样，如果有志做一名 1% 的成功者，就得屏蔽 99% 的嘈杂音。

如果条件允许，学校毕业时先进入大公司，用 3~5 年时间学会做事的方法、分析问题的逻辑、商务运作的基本框架，这将是不可多得的收获。但问题在于，你是否将受到惯性驱动？一旦进入大公司，就很难再心甘情愿转轨到小公司。关键还是要弄清楚自己要什么，更在意、更擅长什么。不要随波逐流，自己的职场规划自己做主，尤其不应当听同龄人的分析或者学校老师的建议，因为这些都不是真正的职场人士。就像一个从来没有跑过马拉松的人，即便理论能力再强，也无法告诉你 42 公里如何进行全程控速。

再次，掌握好职业赛道转轨并轨的关键时间点。在今天的职场，30 岁是一个人决定在什么类型的企业，从事什么专业工作的一个折返点。两千多年前孔夫子说过“三十而立”，一个人身在职场，哪怕“三十未立”，但至少在30岁的时候就应当知道自己想做什么。

每个人可以根据各自的情况和条件选择大公司或小公司，但是应尽量避免加入不大不小的公司。所谓不大不小的公司，指的是公司已经经营了8年以上时间，员工人数在几百人到千人左右，每年基本上重复着上一个年度的业务，这种企业有的已经没有了小公司的闯劲和激情。对于新人来说，某些这样的公司缺乏独立发展的空间，同时又有很多大企业的条条框框的毛病。

当然，选择是双向的。对于职场新人而言，提前替自己充好电，站在候选人队伍的前列，这是每个人最应当努力做到的。与其临渊羡鱼，不如退而织网。你是否愿意在同龄人酒吧狂欢的时候，坐下来深入学透几个办公软件，让自己拥有更多的选择权？古往今来，成功的道路都是孤独且寂寞的。

» 告别中小学课本

在学校花了十几年学习的许多知识，真正能在职场中派上用场的，如今越来越少。

我本人出身于教师世家，也在应试教育环境下长大，现在已年过知天命的年纪，终于可以说出这段冒犯老父亲的陈年往事了：中学四年（我那个时代是初中高中各两年）每学期刚开始，父母花钱给我买的课本，都被我在学期开始的前两周卖给校门口小贩，我则用换来的钱买花生糖果，或者买烟抽。至于上课用书时，我基本就是开小差、胡乱涂抹，实在不行借同学的书看几眼突击一下。当然这不是一个好学生的行为，但书本上某些教条的和几个干巴巴的方程式，的确引不起少年时代我的兴趣。

最近从新闻里获悉，芬兰赫尔辛基教育局发出通知，正式废除小学和中学阶段的分科式教育，转而采取实际场景主题教学。

换句话讲，赫尔辛基的孩子们将不再上数学课、物理课、化学课、地理课，取代它们的课程将以问题为导向，如“古罗马军团是如何战胜对手的？”“怎样用最短的时间，花最少的钱，买到前往巴黎的火车票？”……

芬兰教育部部长如此解释这场带有变革意义的调整：分科教育是几百年前刚刚进入工业时代的时候确立下来的，在很长一段时间里，这样的知识传授的确为时代的进步做出了贡献，但如今已二十一世纪，我们需要适合信息时代的教育体制。

当然，芬兰的这种废除分科教育的做法，其所产生的影响还有待考证。但是，大家似乎可以从根源上考虑一下：现有的少年儿童的分科教育是否已经无法适应时代？很多时候我们对分科教育习以为常，因为一代一代人都是分科教学过来的，学生时代最多会增加一些新科目或者兴趣小组，本质上还是离不开分科教育，以灌输式的单向传播为主要形式。

我们有背书考试传统，你能记住些名诗名句，能写出几篇才华横溢的好文章，就能金榜题名。哪怕今天，某些家长们也都是想方设法让孩子多做习题、多背书、多参加学科辅导课，以为拿一个高分，就能上好大学。

在有些问题上，我们曾经背书的优势就体现出来了。早些年我在国外工作任职超市经理，门店的收银员们都是不会背乘法口诀的。当有客人购物的结算金额是 52 元，而这位客人交出来一张 100 元，再加上 2 元硬币，这种举动十之八九是中国客人。这样的动作在我们看来习以为常，却把外国的收银小妹愁住了：我为了简单省事，把零钱都给你了，你找我一张 50 元的整票不就得了吗？如果你在国外的卖场，对方几乎无一例外地会先给你 48 元，再另外还你 2 元钱。一开始我觉得有趣，后来，盘库存的时候发现，有两箱饮料，每箱 12 瓶，另外货架上还有 5 瓶。如果没有计算器在手上，他们不会直接写 29 这个数字，而是写 $2\times12+5$。

世界第一高峰珠穆朗玛峰有多高？中国土地面积是多少平方公里？至少在我们这一代人，只要上过中学的人几乎都能脱口而出，因为我们从小就被要求记住这些数字。不久前我特意用微信问了上完大学本科和硕士的三个儿女同样的问题，他们无一能够答出来，他们告诉我：谷歌或者百度上一秒钟就能查到。

然而对于某些问题，我们借助发达的网络就可以解决。比如，我现在的奥迪车缺一个 2008 年版的 CD 架，哪里能找到？这个困扰我一个多星期的麻烦，孩子们只用了 10 分钟就帮我解决了。

仔细想想，分科教育方式可能有时并不是我们认识世界和解读自然现象最直接的方式。

我们首先是有疑问，才需要寻求答案。

为什么开水会烫伤皮肤？

为什么煤气开关不能忘了关？

就像上面提到的那个话题：“古罗马军团是如何战胜对手的？”这个疑问可能来源于一部电视剧。可是要了解究竟，这其中包括了史实研究、地缘政治、人物传记、地理变迁、国情、种族迁徙、建筑学等。了解这么一个事件所获得的知识，显然不能仅从历史课本上读几十页书本就能获得。

再举一个例子，我的小儿子在国外上二年级的时候，有一次老师布置了一个作业：从家里拿一个不锈钢碗，到花园里挖出来一撮土，再回到厨房把自来水淋到这些泥土上，用手指搅拌一分钟。最后，你如何从碗里的泥水物混合体过滤出塑料瓶装的半瓶清水？请把过滤出的清水带到学校，然后讲解你过滤的过程、方法、工具。

这其实就是“现象教学方法”。

传统意义上我们会先教孩子水的构成是什么，让其背诵化学成分表，再教一学期的过滤工作原理和流程，而且这是中学才有的课程。通过以上的现象教学，只用了半个下午的时间，小学二年级的孩子就亲身掌握了一门技巧。

这就是职场上各个企业所需要的员工能力——懂得如何解决问题！

根据报道，不实行分科式教学以后，芬兰中小学老师与学生的沟通形式也将改变，学生将不再坐在学校的书桌后面，焦虑地等待被点名回答问题。取而代之的是，他们将在小团体中共同发掘和讨论问题。这样的教学方式，对教师也提出了更高的要求，教师必须更多以咨询顾问的身份参与教学，而不是一如以前高高在上的以掌控者、出题者身份参与教学。谁能保证孩子们活跃思维下解决问题的点子和方法不会比老师更为奇妙？

求索是人类本性，也是社会进步和发展的原动力。靠记忆知识自然有助于求索，但是在今天信息爆炸的时代，是不是应当启发培养孩子们更好的方法？芬兰的尝试，让我有种想穿越回归童年的感觉。

» 那一封告别信

曾经在我职业生涯的某一站，当最后决定要离开公司前，我通过邮箱给全体同事发了一封告别信：

祝福声中说再见

走进熟悉的办公室，再一次环顾这投入了无限心血的场所，我感触良多。考虑再三，我还是选择以这种方式，写几句话，向大家道一声感谢，说一声再见。

一年多来，我和各位同仁一起，并肩走过光荣与自豪的时光。去年我们超5分完成各项运营指标的KPI，今年我们面对全新的商务模式，在看不清未来的情况下，勇敢地冲上前去摸索、前行，打了一场又一场战役。这几天，我翻看之前存留的相片儿，点点记忆，瞬间成影。

我在这里认识了许多新朋友、新伙伴。很感谢同仁们的支持帮助，感谢团队所有人的齐心协力。多少个挑灯夜战的日子，多少次招商旅途中的疲倦奔波，我们一起走过，无怨无悔。没人知晓这其中有多少付出，有多少难言的苦楚，我们默默地坚持下来，不抛弃、不放弃，只为了我们身上这份浓浓的使命感。

原本以为共同价值观下可以有不同的表现形式，新的模式应当允许更多角度的尝试，我们还能有多一点的时间去完善及调整，其实想想，爱之深，恨之切，因为太爱这个新生的宝贝婴儿，因此才会对它给予太多期待和宠爱。惆怅与失落往往源自你的深深关切。

人生就是一段段旅程的叠加，事业及职场亦然，我们有缘并肩走过这段时光，如今终于要说再见。就像在车站月台握别，感谢大家和我一起走过这一程，我们互道珍重、彼此祝福。虽即将天涯海角，其实世界很大也很小，

或许不经意间，在来年某时，蓦然一抬首，故人就在咫尺处。

和一群朝夕相处的同事告别的时候，说太多的话别反倒多余。我们朝夕相处，对彼此早已熟悉。当合上一幕历史章节的时候，最好的告别，就是挥挥手，转身向前，不再纠缠。明天永远会有更为绚丽的地平线，就此简单别过，让你我相处的日夜存为弥足珍贵的记忆。我国几千年的士大夫文明，教会了我们胜不骄、败不馁，还教育我们尊严与仁义，包容与坚持。如今信息时代，万物发展飞速，贵在仍守初心。我较各位年长几岁，赠之共勉。

这几天我收获了满满的友谊和真情，陆续有许多同仁约我吃饭、喝茶，并赠送小礼物。真情流露，让我深为感动。我们从事的是一项前无古人的新事业，一切刚刚起步，寄望诸君多努力。

古人有云：逝而不僵者寿。时光老人在静静注视着你我的每一个动作。

从今天起，我将休息一段时间，陪家人过一段闲散的日子。我的手机号码仍然保留，邮箱也可触达，欢迎随时联络。海阔天空都可以聊，唯请不再谈论过往事。

黄若

XXXX 年 XX 月 XX 日

离职两年后，当公司新业务迎来爆发性增长时，当年一起共事的老同事发短信告诉我：这一天，必将载入世界电子商务发展史册。这一天，我们用“求死”的信念，用爆发性成交量，力图将中国互联网系统“搞瘫”，把银行交易系统“搞瘫”，把全体网民的鼠标“点瘫”，把全国的快递员“累趴下”，把无数宅男宅女的眼珠子“撑爆”。几年前，你带领我们创造新模式的时候曾说，会有这一天的，它终于实现了，这是充满奇迹的新商业文明！

把这封多年前的邮件在这里分享，是想和读者们说：职场都有挥手告别的时候，或者是更换一份工作，或者是告别朝夕共事的伙伴，就如同我们这趟职场列车在行进途中换了一个座位，做了一次升舱，或是决定中途下车，追寻新的梦想。改变的原因多种多样，如意的、不如意的、主动的、被动的……无论出于什么缘由，都不要去埋怨曾经的企业，不要指责过去的同事。有人以为这只是一种善待别人的方式。错了，这是对自己职场历程的一份自我肯定。职场旅途的每一段行程，都是自己的汗水和收获，一个人如果抱着否定的心态看待过往经历的话，前行的路只会走得越发艰难。我们经常听到职场人对于过去服务过的公司充满负面评论或否定，这除了有一点阿Q精神的自我宽慰以外，我实在想象不出任何益处。走过的弯路可以重新校正，职场人一旦养成处处埋怨的习惯，就好比自身携带了一株病菌，至少在我面试各个应聘岗位人选时，凡是刻意吐槽老东家的候选人，我是一律不予考虑。

有一句话叫作“离职见人品”。很多时候，离职好像一面镜子，照出公司的格局和员工的人品。我们看到有的企业在员工决定离开时竭力刁难，另一方面，员工是否能把离职前的工作做好，办妥交接事项，是否不去随意诋毁埋怨老东家，彰显出员工的人格力量。离职是劳资双方雇佣合作的中止，但不是关系的结束。如果一位职场人士能在离职时回忆起当初入职的热忱心态，或许离开时就能多一些宽慰、少一点积怨。

如果上面这段话还不足于以打动准备离职、心里依然有些不爽的你，那让我告诉你，对于已经决定了的事，不管是你自己决定要离开，还是人家请你走，请抱一份洒脱挥手作别，这对自己、对人家都是最理想的结局，纠缠只会困扰自己的下一站旅程。

离开以后维持与原来同事、上司、下属的关系，也是一门学问。成为朋友的老同事，关系往往是很牢靠的，因为你们共事过，熟悉了解，都有吸引对方的某个亮点。老同事成为朋友，也是拓展人脉圈的重要环节，善于经营熟人圈子的职场人士，往往从这里做二次三次的交往延伸，迅速扩展自己的行业触角。与老同事成为朋友，有一点需要注意，那就是避免议论其他同事的闲话，这类的话题容易在老同事相聚的时候被带出来，有百害而无一利。同时，避免打听公司内部的业务数据，很多企业在员工聘用协议中都有信息保密和信息屏蔽的相关规定，聪明的职场人尽量不要去触碰这条红线。

» 35 岁危机

如今人均寿命延长了，退休年龄推迟了，中年的定义标准也往后移动。现在，40 岁才算进入中年，60 岁还不算老人，我还听说，目前进故宫和颐和园的老人免票门槛是 70 岁。

过去几十年职场中一个明显的变化就是：进入职场的新人年纪变大了，退休的年纪变大了，但最让职场人紧张的是：职业危机的年龄提前了。

最近我看到一组数据，2021 年预计各种高校毕业生总规模达到 909 万人，比 2020 年增加 35 万人，创下历史新高。相应地，毕业生就业焦虑感持续飙升。

请看历年高校毕业生的数量：

1980 年全国高校毕业生 14.7 万人；

1990 年全国高校毕业生 61.36 万人；

2000 年全国高校毕业生 94.98 万人；

2010 年全国高校毕业生 575.4 万人；

2020 年全国高校毕业生 874 万人；

2021 年全国高校毕业生预计 909 万人；

2021 年与 1980 年相比，我国应届高校毕业生人数上升了 98% 以上。

今天，几乎所有企业的 HR 在首轮筛选应聘职场新人的简历时，有时面对一比几百的申请比率，最简单省事的做法就是先根据文凭刷一波简历。大学校园像出产新鲜面包那样地把毕业生抛向社会，企业也只好简单粗暴地以学历文凭为准做第一轮挑选，因为实在没有那么多时间一个一个细细看过。

我中学毕业的时候，1% 的应届生进入高校，其他的人大多数直接上班打工，或者当学徒。如今初入职场新人的年龄比我年轻的时候至少延后了 3~5 年，要知道 40 多年前国内的中小学加起来才 9 年，16 岁中学毕业当学徒是常规年龄。如今，21 岁进入职场都被认为是“早产儿”。

当今社会还存在一种现象：有时，为你送外卖的可能是位高才生；公司的快递小哥可能毕业于名校；开着顺风车把你送到楼下的更可能是位具有双语背景的“海归”…… 这里反映的是一种水涨船高的求职现象。每年的中学毕业生中，并不是所有考生都会进入高等院校，再加上大学毕业生的求职岗位有限，招聘企业优先考虑的自然是市场紧缺的人才。但如今，80% 以上初入职场的青年都有大学文凭。随着就业门槛的提升，以及初入职场人年龄的增加，这些现象折射出的是人才供需关系的不平衡。

一方面，人才初次步入职场的年纪增加了；另一方面，淘汰人才的速度加快了。现在流行一种说法，叫作信息时代职场的 35 岁天花板。20 多年前，我正好是在过了 35 岁生日后不久升职为公司副总裁的，成为一位名副其实的企业高管，在当时我所服务的那家跨国企业，全球一共有几十万名员工，我是亚太区最年轻的副总裁。而今天，互联网公司 VP 职级的高管有很多只有 20 多岁，也因此才有 35 岁危机一说。的确，今天对于互联网和许多新兴行业来说，尤其像专业岗位、销售岗位、研究开发岗位，如果不能在 35 岁左右建立自己的价值烙印晋升为高级员工、管理人员或者部门主管，意味着随时面临着被淘汰的命运。因为，知识更新速度太快了。我妹妹是大学计算机专业的教授，用她的话说：“在这个领域，一个人最多只有 5 年的时间可以有资格教导别人，5 年过后就只能说说基础理论了。”

以下是在我的微博上一位粉丝给我的留言。

去年春天，36 岁的我裸辞了。在外企工作了十几年，彼时我已深深厌倦了无数的会议、PPT、各种错综复杂的汇报线，再加上一场突如其来的家庭变故，让一向循规蹈矩的我萌生了按下职场暂停键的想法。不是有“间歇年”这个时髦的提法吗？又加上疫情影响，想想自己银行的存款还够应付一阵子，也没有养家糊口的负担，于是下决心裸辞退场，准备休息到过完农历新年之后再做下一步打算，这期间我可以练瑜伽、看肥皂剧外加健身旅游，放飞自己的心情。但没有想到的是，如今我再想返场，几乎所有的职场大门要么关得紧紧的，要么挤满了比我年轻有力气的人，我彻底茫然了。传说中的“内卷”“35岁危机”难道就发生在我身上？我若投简历求职于与我原来工作性质同类型的企业，需要同时和30~50岁年龄段的人竞争，我至今未婚未育也成为用人单位的一个顾虑，人家不会直接表达出来，但我能看出HR那种担心的眼神。疫情后大多企业经济效益不好，有限的对外招聘职位都偏低端，薪资还不到我原先的一半。就算我放下身段，告诉自己有一份归零心态，每天浏览各大招聘网站，非常精选地准备简历，发出数不胜数的求职函，至今收到的最好反馈仍是：是不是愿意接受外包职位？也就是说，人家不想承担你的五险一金和招聘风险。以前感到好无聊的工作，现在居然变成一种妄求。

每个人都有35岁，少数人幸运地在这个关键节点前后顺利跨过台阶，但更多的人需要面对这个关口的考验和折磨，我有以下几点建议。

一是未雨绸缪，提前计划，让选择权掌握在自己手中，而不是任人摆布。如果你20岁出头进入职场，那么到了35岁，已经工作了十多个年头，对于自己是否擅长于如今所从事的工作，有多少真材实料，自己心里是清楚的。如果到了这个时候，在自己目前从事的领域还无法脱颖而出的话，很大程度上说明你或许不是这个方面的佼佼者，更换跑道在这个时候未免不是一个好的选择。我本人反对频繁跳槽和随意更改职场方向，但35岁前后是一个二次选择的理想时间，这个时候你已经工作多年，是否能做出成绩，你心里比任何人都清楚。同时，这个年龄还输得起，如果自己想清楚了要更换到哪个新领域，重新进入校园来一次全面性的系统充电，重新更换一个城市生活，甚至选择一种不同的职场切入方式，或许都能替你打开一片新天地。这个时候最重要的判断是：现有的赛道走下去平常疏松，如果就此埋葬野心、做一名普通职员，没有人能够指责你；如若心有不甘，这是二次选择的黄金时段。

二是梳理自己需求的轻重缓急。每个人都有自己独一无二的人生，每人的选择和价值观各不相同，35 岁更重要的是要倾听自己心灵的声音，家庭、爱情、子女、事业追求、大把钞票、轻松生活、健康无忧……到底哪一个对你更加重要？这是即将步入中年的一次理性取舍。千万不要说你几样东西都想要，这就未免自欺欺人。取舍的关键不在乎取，而在于舍。你是否希望过一份轻松没有压力的生活？是否想好要忍受孩子上不了重点学校、面对太太逛街的眼神也能平静回复："我们买不起"。如果你决定要成为创业合伙人，是否做好每周七天天天加班到半夜的心理准备？以前求你吃饭的供应商现在连电话都打不通，所谓的一得一失，得失之间体现的是每个人不同的人生价值观，这里很难说对错，重要的是你更看重什么。

三是人生是一段永远不完美的旅程。很多时候我见到快要步入中年的职场人士多有抱怨，他们下了班不回家也不上健身房，喜欢聚到酒吧喝酒消愁。国外职场如此，国内职场如今也开始常见这种现象，他们总觉得公司给予自己的太少，受到的待遇不公平。其实，当一个人开始抱怨的时候，意味着心态正在逐渐老去。抱怨情绪是一种病毒，侵袭的首先是自己的神经，接下来蔓延到周围。职场的生存之道说千道万，无非就是三个对策：改变它，离开它，适应它，做一个永不后悔的职场人。过去的每一段经历都塑造了现在的自己，生命本身就是一段通过无数经历组合汇集而成的长途旅行，这是任何物质回报以及勋章奖牌都无法比拟的。

» 别当职场怨妇

怨妇这个词带有一定的性别歧视，本意是说一个喜欢怨天尤人的人，这种人男女都有。它折射的是一种消极的人生态度。在职场中，我们经常会看到类似下面这样令人讨厌的场景。

表现一：对工作的埋怨。这件事情没有做好，职场怨妇的说法永远是客观因素所导致，例如，上一个环节没有配合好，其他部门支持不够，资源不足，市场环境不利，本来准备的营销方案很棒可是现场突然下雨，等等，总而言之各种不如意的客观原因造成这件事情没有按计划做好。既然不是我本人的原因导致，我就成了受害者，我有充分的理由责怪。

表现二：对同事的埋怨。张三被评为年度优秀员工，他其实不怎么样，无非就是长得比较漂亮，或者是喜欢在领导面前表现自己。李四最近获得升职，他根本没什么能力，听说是大老板大学同学的小姨子，有关系打过招呼的。带着这种怨妇心态眼里看到的，都是别人的缺点和不足。

表现三：对公司的埋怨。这家公司真的不怎么样，薪资待遇不好，中午的盒饭很难吃，上班还得打卡，端午节我同学的公司都发过节费了，我们却只给两粒粽子。从来不曾考虑过自己的付出与取得的薪酬回报是否相匹配，更不会想到公司业绩亏损与自己有什么内在关系，心里总觉得公司关照自己不够、福利差、办公条件不尽如人意。

先别一笑而过，仔细想一想，这类职场怨妇的心态和碎语，是不是在日常上班环境里时不时会碰到？你再想一想，有这种心态的人，有几个人能够做出成绩，能够获得快速的职场升迁，能够为老板所倚重？

答案是，少之又少。

记住一句话：企业请你来，不是让你来挑毛病找问题的，老板花钱请你来的根本目的只有一个：解决问题。

一家拥有一万人的企业，需要帮助企业诊断和发现问题的可能只有1%的人，或者只需要所有人 1% 的精力，年度创意大比拼就是用来激发大家找问题的。另外 99% 的人，以及公司 99% 的精力，是用来解决问题。你能看到的问题，难道老板就那么笨，什么都看不出来？如果不能替老板解决问题，那人家要你干吗？

网上都在盛传某位前台一路逆袭成长为集团副总裁的励志故事，大家都在说她有眼光、能坚持，这些貌似都对，但其实都没有说到点子上。这位恰恰是我旧日老同事，我们彼此了解，这个人最大的优点，就是不论做什么事，她面对困难从不埋怨。

不得不承认，几乎所有人都明白抱怨实在是最无能的发泄，但抱怨又是职场最为常见的一种令人讨厌的行为。我们不妨先理解一下，人为什么要在职场中抱怨？ 首先，这是一种弱者引起同情的举动，试图通过埋怨外在非自己能控制的原因，给自己没有把事情做成找一个理由；其次，抱怨释放了一种我改变不了自己，但试图让别人顺应自己的期待，当向别人做某个抱怨的时候，你实际上认定对方会替你分担你所抱怨的这件事情，如果对方对你的抱怨无动于衷的话，那么你的抱怨就变为一个指责。不管怎么说，抱怨者往往觉得自己处于受害者的位置，这时候他看待周围的一切都是阴暗的，不公正的，别人才是过错方。

每天有 24 小时，好心情过一天，坏情绪也能过一天，埋怨能改变时间的长度吗？而且，埋怨在职场里犹如病毒，在空气中传播一种负面气氛，影响着整个团队的士气，这是应该被连根铲除的杂草。当然，我们每天都可能碰到不顺心的事情，如辛辛苦苦多少个不眠之夜熬出来的设计推向市场却反应平平，本来早已经谈妥的合作协议在最后一分钟被其他公司抄近路抢走，应该提职的年度考评因为新换了一个上司而泡汤……这些不如人意的事容易让人沮丧，甚至让自己觉得自己是这个职场最倒霉的那个人，但即便如此，埋怨情绪就好比一个潘多拉盒子，再怎么艰难，也不要打开它。人身上具有阳光、爱人、幸福的一面，也有贪婪、虚伪、诽谤、嫉妒等邪恶的另一面，扬善抑恶陶冶的是自己的情操，一个处处散发正面气场的人，在职场上更容易走得顺风顺水。对于特别令人沮丧的境遇，我们需要学会在第一时间接受它，不要试图欺骗自己，因为坏消息、坏结果本身就是职场生涯的一部分，就像每个人都想当一位冠军，但是再优秀的选手也不可能次次夺冠。同时，给自己设一个止损的时间节点。我曾经在一个特别看好的项目上花费了巨额资金投入和一年多的心血，最后因为突如其来的疫情原因颗粒无收。如果抱怨，我大可以说自己怎么这么倒霉，但凡我这个项目早几个月开始，或者疫情晚一点到来，避开准备一年多要面市的这个关键时点，或许这个充满创意的新模式就能“引爆”市场。但这个世界没有如果，时光岁月也从不倒流。伤心之余，我留出最后的放纵底线，即拿出一个星期的时间，我允许团队的所有人（包括我自己）醉酒耍疯、睡到晌午不起床、整日无所事事。但日子一到，就该做什么做什么。说到底，我们都在各种不如人意中抗争，并从这些不如人意的境遇中努力打造让人满意的结果。

养成在职场上从不抱怨的心理素质，我还有两个分享：第一，既然公平是无数社会无数人的共同追求，那其实就意味着人生是不公平的，如果你受到不公正待遇，那就是生活本该的样子，也是职场的构成部分；第二，职场是人生的一段旅途，总有堵车甚至绕弯路的时候，为何为此烦恼？职场上对于你不喜欢、不习惯的东西，如果可以改变，就努力改变；如果不能改变，就改变自己的态度，欣然接受。因为抱怨对于改变丝毫不起作用，反而徒增自己的忧愁，也让周围人对你心生厌恶。

» 老好人与职场“老油条”

在职场中，有这样一类人，他们为人谦逊客气、待人礼貌、做事勤快、乐于助人；但同样的，也有被称为“老油条”的职场人，这样的人做事推三阻四、脸皮厚，还喜欢倚老卖老，处世八面玲珑。很多时候，认真做事的人很怕惹到老油条，因为前者的心思不在这上头，而后者往往是靠把水搅混寻找自己的生存空间。

我微博里有一位名叫“探探白云”的粉丝留言给我，说他是一名初入职场的小伙子。为了给上司和同事留下好印象，每天都是最早到公司，最晚一个下班，工作不分分内分外，能帮就帮。不管同事要求做什么，从来不懂得拒绝。同事快递到了，人家请他帮忙下去拿；午饭时间，邻座请他跑腿下楼买午餐；甚至有人打印文件懒得起身，也都习惯使唤他去取……久而久之导致的结果，就是上班几个月，他觉得自己成了所有人的使唤丫头。最要命的是，两天前一位同事有个项目的材料收集没做完，让他帮忙赶活儿，他正好自己手头有急事要处理。他加班到深夜，把同事所要的材料做初稿收集工作，没有排版整理就直接发给对方，不曾想这还落了对方一顿埋怨，认为他应付差事，这位年轻职场人士觉得很郁闷。

职场上同事相互帮助是必须的，特别是作为职场新人，这既是自己快速学习了解更多公司现况的好机会，也有助于增加与同事的活络关系。大多数刚刚进入职场的人，都懂得将自己的姿态放低，这种低姿态入场是一个好习惯，但也需要掌握好基本分寸。因为每个人都有自己的能量场，你表现得过于软弱，你的能量信号就过于微弱，实际上会起到容忍对方甚至纵容对方的作用。学会拒绝别人，坚守自己的原则和底线，其实也是职场人必须掌握的一项基本技能。

怎么做呢？

设置障碍，巧妙回绝。职场中同事之间相互帮忙是很正常的，但是，如果某个人三番五次总是请你帮忙，特别是把一些与工作不相关的琐事交由你处理，这就不是你应该忍受的，这样的人通常都是看人下菜碟的。如果你总是答应得很爽快，那么接下来就会有第二次、第三次，如果你觉得自己不好意思直接回绝人家的话，拖延时间或者不小心多次遗忘或许是一个比较隐蔽的变通方法。

坚持底线，力所能及。坚持底线是任何人在职场生存需要从一开始就养成的基本习惯，不能做的事情无论如何都不应该去做，否则你的初衷只是碍于面子，最后很可能自己给自己“埋雷”。这种底线的设置因人而异，就我多年的职场体会而言，即不以说谎话编故事的方式替同事解围或者圆场，不要承担超过自己能力范围的帮忙。如果是跨部门的协助，首先要知会自己的直接上司，这些都是行之有效的基本规范。

借助上司，警醒对方。很多刚进入职场的新人，对工作还不是很熟悉，上司通常都会给新员工一段适应时间。如果布置下来的工作不能在规定的时间点完成，不妨在时间快到之前主动与上司做个说明，巧妙带出你受困于其他额外事项的事实。当然，这样做是把双刃剑，借此说明受到其他同事精力压榨的苦衷，也需要冒着得罪人的风险，这就看你自己的权衡。如果决定迈出这一步，可以借助这个机会要求对自己的岗位职责和工作范围做出划分。事实上，许多公司都存在员工的工作职责不清的情况，造成有些好说话的员工不知不觉间多承担了许多分外工作，而那些善于讨巧的人则经常做甩手掌柜，将许多事务性工作推给其他同事。职场上多做些杂事本身不是件坏事，但凡事都得适可而止。

再来说说“老油条”。电视剧《人民的名义》中有这么一个片段，那个被称为吴老师的人是政法委书记高育良的太太，她接到了赵立春询问有关事项的电话。事后高育良问太太：“赵立春来电话问到的有关事项，你是怎么回答的？”太太笑着说：“按照你一贯的原则，热情、礼貌，但一问三不知。”处身职场的人，对上面的这一幕场景，应该不会感到陌生。虚与为蛇、装聋作哑、废话连篇，但同时又待人客客气气、热情周到。俗话说“巴掌不打笑面虎”，对于这样的同事，你还真拿他没什么办法。关键是，遇到升职、拿奖金的时候，他可是争得比谁都来劲，各种小便宜更是经常被这种人占尽。

对于这种类型的同事，真正埋头做事、勇于担当的人是很不屑的，所以大多采取敬鬼神而远之的态度，但对于特别善于明哲保身同时又喜欢抢夺别人工作成果的资深“老油条”来说，过度隐忍反倒给了他滋润的生存空间。前不久有微博粉丝问我，碰到“老油条”如何应对？这个问题我好像也没有很好的对策，后来和朋友聊天，我特意把这个话题带出来，朋友是负责人力资源管理的集团副总裁，他告诉我，应对这种人最简单有效的方法，就是找个机会，把他推到一个做事的位置，例如，让他牵头负责一个项目，就如同把他架到火上烤一回。我有些不信，这能管用吗？“老油条”们难道会这么容易入坑？朋友解释说：每个人都有表现欲，只要把对方的表现欲调动起来，十有八九他是会接住的。关键在于，设置这个环节的本意不是要让“老油条”出丑，而是让他尽量少惹你的麻烦。他一旦被架上去烤一回知道痛了，接下来通常会有所收敛。

» 从站姿看职场人

躬身入局这个经常被用来提醒职场做事态度的词，见于曾国藩的论述：“天下事，在局外呐喊议论，总是无益，必须躬身入局，挺膺负责，乃有成事之可冀。”

我在多年从事零售和电商行业管理的实践中，观察到一个很有意思的现象，那就是当一个人或一群人站着讨论事情，或者处于某个等候场面的时候，职场人大致有三种站姿：双手交叉抱在胸前；背着双手把手臂放到后背；双手在身前腹部处交会，手掌微微相握。别小看这么一个下意识的站立姿势，它往往体现着三个不同的做事态度，不信的话可以留意一下自己或者周围人的站姿。

不久前，我劝退了我们公司市场部负责人，尽管这名管理者曾参与公司品牌升级，并对网络营销有很强的洞察力。他毕业于名牌大学，曾就职于世界五百强企业。相比于同级别的其他管理者，他有很多优势：互联网知名大厂出身，逻辑思维能力很强，富有新的创意，是一名有才华的营销管理人才。

问题在于，在他的管理下，我们的营销费用总是花不到点子上。究其原因，根本不在于他不懂这个行业。他很懂行业而且有想法，真正的原因在于他是个背着手站立的人。换句话讲，他只负责布置，不愿意参与。我们每个月几百万元的外部商务投放，他从不介入条款的洽谈，他觉得自己的任务就是做好规划，如何推进是下面人的事。如果碰到双方在排期和价格方面商谈不顺利，他宁可回避，也不愿意亲自过去与对方坐下来洽谈。一开始我还以为是他本人对于亲自下场有顾虑，担心自己作为负责人带头商务洽谈若不成功会在团队面前难堪，或者他对于参加谈判没有足够的自信。后来发现，他不愿意这么做的原因在于他觉得自己是老总，老总是管布置的，不是要上阵打仗的……

很多管理者误以为，当领导就是规划和布置任务，如果你是下属，你会尊敬一位光说不做、不能身先士卒的上司吗？或者，当你遇到推进难题时，你是不是特别希望上司能帮你走出困局？优秀的企业领导人，在和公司团队人员做工作对接的时候，需要了解的不仅仅是事情的进展，更主要的要掌握目前存在的问题，下属有哪些困难，作为上司的你对这些难题有什么解决方案或者建议，在哪些方面可以提供支持，这就是躬身者的态度。老板最不能接受的汇报是：这件事我已经交办下去了，那件事因为 XXX 没有及时落实，所以没能完成。

那么，作为一位管理者，如何养成躬身入局的良好习惯？

第一，入下属的局。企业不需要单纯的布置者，除非你是一个神一般的存在。很多时候我们都在强调结果导向，这四个字首先是用来衡量管理人员的，如果一位管理者只是简单地把工作任务分配给下属，他本身就是一个注重花拳绣腿的流程正确而缺乏结果导向意识的人。下属对待工作任务或者接手一个新项目时通常都有犯难的时候。销售目标如何突破，开辟一个新的市场从哪里入手，这些都需要管理者与团队一起寻找解决方案，你如果不能成为团队的参与者，就无法指望你的下属会全身心地为你拼尽全力。

第二，入客户的局。就是我们所说的将心比心，换位思考。特别是在与合作方洽谈商务交易条件的时候，需要更多寻求彼此都能实现双赢的平衡点，而不是仅仅考虑眼前自己这一方的利益。利己是商务场上做事情的本能，但损人就是自掘坟墓，试图靠伤害对方或者借着对方的不利地位把所有油水榨干净，无疑是一种自我毁灭行为。

第三，入社会的局。我们都身处一个独特的生活和工作环境，周边事物影响着我们的每一个决定。北京市区天天堵车，公司快递时常延误，好容易培养起来的优秀员工被人“挖墙脚”，这就是在经营一家企业过程中时常要面对的问题，身为职场人如果不能正视所要面对的环境而动辄予以抱怨的话，就是一种置身局外的态度。

说到躬身入局，我总想到好莱坞电影《阿甘正传》里的男主人公，这是一部可以用于职场励志的经典影片，阿甘无论从哪个角度看，都既不聪明，也没有特别的才气，但他身上演绎的那种每做一件事全身心投入的“傻瓜”式入局，不论捕虾，长跑，还是恋爱，最终让他成为人生的赢家。反过来看，那些喜欢背着手的人，多少年过去后，依旧一副怨天尤人的模样。不信的话可以留意一下，在你的工作环境里，总喜欢背着双手评头论足的人，有几个最后能成事的？

从事零售和服务性行业的人特别懂得站姿这个小小动作所释放出来的含义，当一个人双手交叉在前站立的时候，他清楚传达的信号是，自己处于随时准备介入，愿意帮助周围人的状态，你可曾见过双手背在身后的空姐或者餐厅领班？一线员工的态度如此，有幸处在管理岗位上的伙伴们更应该珍惜自己手中的领导力，以躬身入局的状态，挽起袖子参与工作之中。管理者首先是要把自己定位为团队的一分子，成就归于团队，挫折挺身承担，这才是一名管理者的姿态。

因为，当团队被授予优秀奖章的时候，人们自然记得领导者的名字。

» 提离职的那一刻，树根已松动

人在职场，就好比一棵树，被种植在一片树林里，企业就是你生存的土壤和环境。你与周围的树木沐浴同样的阳光，接受相似的浇灌，几年下来，有的树木成长得更快，有的就不是那么茁壮。

职场不仅仅只有这一片树林，其他地方气候看上去更宜人，生长的条件更优越。于是，你决定申请离职，你相信迈出这一步，将会有更为广阔的发展空间。

当怯生生地向主管表示你的想法时，让你没想到的是，主管此时告诉你，他对你的工作表现十分满意，正准备向公司提报你的升职申请呢。为了表示诚意，主管表示：即日起，薪资上调 20%。同时，他说明以前对你关心不够，但你的工作成绩他是知道的，希望多包涵。

你觉得很意外，本来想给自己找一个更好的发展空间，如今上司不仅仅不责怪，还主动涨工资，自己再不领情的话，实在是有点说不过去。

小心，你很可能做错了。

下面是当你提出辞职的时候，上司的想法与做法的场景还原。为了便于理解，以下采用类似文学作品的叙述方式。

陈东平是一家公司的部门主管。早上 9:00 刚走进办公室，25 岁的女员工李冰便怯生生地敲了敲他的门，看她紧张得呼吸急促，知道她肯定有比较重要的事，于是赶紧客气地打招呼，让她坐下说。李冰花了大约一分钟才平静下来，然后像背诵中学课文那样说出了一段明显是事先准备好的台词，大致意思是：非常感谢主管对她的关心和培养，可是她本人决定要辞职了，觉得很对不起公司……

果然还是提出辞职了。早在 1 个月前，陈东平就听说她最近情绪有些波动，好像接过几个应聘电话，有两次下午请假外出，这种动作十有八九就是去面试。现在看来，她已经拿到 offer，萌生去意。

陈东平连忙向李冰道歉：你看，该说对不起的人是我，这段时间我太忙了，忽略了对你的关心，因为你的工作一直很出色，你负责的业务总是按时完成，作为主管，我习惯于把更多精力放在有问题的员工身上，这是我的疏忽，让你误解了。如果你真的走了，对我们部门将是非常大的损失。我相信你提出离职申请是经过深思熟虑的，我尊重你的选择，如果有更好的去处，我会为你高兴。但是如果是因为我管理上的失误，没能给你提供更好的发展空间，那就是我必须要向你检讨的。

李冰连忙表示不是这个原因，话语中显出不好意思。

眼见第一步的回复已经打动她，陈东平接着表示：公司接下来将有大的发展，这里有很多适合你的机会，我个人特别希望你能留下来，年底调整，我计划让你升职为经理，为了让你能尽快脱手走向管理岗位，我想立即安排一位新入职的大学生做你的助理，你可以把手头日常琐碎的事都交给助理干，也是锻炼和培养新人。接下来陈东平问了一下她的情况，了解到李冰准备去的新公司给她的工资，较现在收入上升20%，陈东平当场就表示，年底奖金，至少给李冰相当于全年固定工资30%作为她的年度绩效。

李冰被主管陈东平的诚意所打动，决定留下来。

送走李冰，陈东平心里很清楚：只要赢得两个月时间，主动权就在主管的手上。特别是他们公司这种从事网络新媒体的MCN中介公司，客户资料都掌握在像李冰这样的一线销售人员手上，只要把这些资料找人接下来，其他的无足轻重。所以先画个饼让她开心，同时派个人跟她干活，表面上是给她当下属，实际上是把业务先接手过来。

以上这个场景还原有些厚黑学的味道，但职场如战场，很多时候虚虚实实、尔虞我诈，身在职场，你大可不必像上面的这位陈姓主管这么做，但却不得不知晓，不得不提防。

通常情况是，当你向上司提出离职申请的时候，如果对方强力挽留，说了很多动听的话，甚至直接给你涨工资，你不要轻易以为是打动了对方，你果真就是团队不可或缺的人才。最可能出现的情形是：你一旦离职，一时间公司找不到接手这块业务的人，所以，人家需要暂时找个说法套住你。作为上司，最不喜欢的就是被下属牵着鼻子走。如果他真的觉得你那么有价值、那么值得加薪，为什么早先不曾想起过？这个时候上司对你的挽留和安抚，在多数情况下，只是把你视为眼下必须使用的备胎，特别是如果你现在处在一个很重要的岗位，匆促离职没有马上能接替的人，会导致工作受到严重影响，所以先把你留住一段时间，保证眼下的工作正常运转，同时寻找替代人选，到时候再找个理由辞退你或者调岗。

职场上不要过分轻易地跳槽，尤其是自己认为公司的环境不好，不利于自己发挥这样的理由，要知道任何人都在环境中求生存求发展，如果今天的环境导致你难以发挥才干，你就有把握下一家公司的环境会比现在更好？抱怨客观条件是职场心智不成熟的表现。但是，当你经过深思熟虑，下决心准备离职，这时候就应该义无反顾，不要轻易地被别人的挽留改变主意。

因为，从你提出离职申请的那一刻开始，这棵树的树根已经松动。除非你是一位难以获得的行业领军人物或者技术大拿，否则任何公司对有“二心”的员工都会存有戒心，就像被松动的树根虽然表面看不出个端倪，实际上与土壤的咬合不再那么亲密无间隙，松动的树根是难以获得足够养分的，哪怕挣扎着不会枯死，这棵树终将不如其他的树木成长得茁壮。

那么，如何分析是否应该离职呢？

首先，不要因为冲动离职。可能你只是工作上受了委屈，比如，被领导误会、和同事相处产生矛盾、和客户发生争执，甚至可能个人感情生活中遇到些挫折，一时没想开就提出辞职。“想来一场说走就走的旅行”听上去很美，但这样的宣传害苦了无数年轻职场人士。辞职不冷静是职场的大忌，职场是从事生产的场所，不是可以随意撒欢的家庭生活，没有人有义务在这里哄着你让着你。独生子女这一代人容易有较常见的“玻璃心”，有点委屈就受不了，一冲动就来一句：“我不干了！”你大可以图一时之爽快，但明天太阳升起的时候，不是还得重新找工作，不是一样得接受新的上司分配任务？冲动之下的离职很多时候是裸辞，对于绝大多数人来说，有一份工作关乎经济收入，更关乎自我认知，一冲动辞职，经济来源断了，整天没有正经事做，会更加让人心情沮丧。

碰到问题不是你辞职的借口。不管是工作环境，同事关系，加班时间长短，业务开展受阻，这些都不是正常的辞职理由，原因很简单，这些问题在哪里都存在，只不过表现的方式有所不同，你不正视去解决这些困难，再换几家公司问题依然存在。

反过来说，考虑更换工作有这么几种情况是很好的理由：新工作更符合个人的专业与特长，薪资收入有明显的提升，现有公司工作中出现明显的违法违规操作你不想被卷入其中，以及照顾家庭的需要。

» 外资企业的生存

聊一聊外企职场的一些现象。关于外企的定义，这里主要指的是在国内运作的外资企业，其中在中国地区雇佣人数最多的外企，大致包括：欧美企业，日韩企业，港台企业，他们彼此之间的风格也各不相同。

相较而言，欧美企业相对宽松随意，不太注重层级称谓，做事特别注重结果，不容找理由讨价还价；日韩企业生存的规矩多，注重细节，同时有比较多的员工人文关怀；港台企业和内地（大陆）企业的文化同源同根，所以沟通起来比较融洽，港台企业的老板做事风格也更加本土化，不过他们对员工管理也比较严苛。值得注意的是，在国内的外资企业上班的内地员工，与其他亚洲族裔相比，内地员工整体上在外资企业是略显吃亏的。

在国内的外资企业上班的亚裔人士，除了本土员工以外，我们见得比较多的，主要是韩国人、日本人、新加坡人、印度人。外企对于来自其母国国籍的雇员天然带有一些偏好，这也是人之常情。例如，一家在中国的泰国公司，总会更多地聘用泰国人，韩国公司会聘请更多韩国人，除了这个特殊性之外，我们与其他亚裔雇员同在外企职场，有哪些地方容易吃亏呢？

最明显的地方，就是争与不争。中国传统文化从不提倡不主张正面冲突，“枪打出头鸟”“退一步海阔天空”说的都是忍让的道理，几乎每个家长叮嘱孩子出门必说的一句话都是：少与人计较，凡事多做让步。成年后带着这样的教育背景和长辈吩咐，到了外资企业的职场生态圈，我们的员工显然不善于与人正面争执，尤其涉及与个人利益相关的抗争。我们从小被教育要温良恭俭让，不要为一点个人利益和同事争得脸红脖子粗，这样很不得体。举一个很简单的例子，当评比一个团队的成员在这段时间工作表现的时候，其他族裔的人会毫不犹豫站出来说他自己是最为优秀的，并洋洋洒洒告诉大家一大堆理由；而内地员工则很少有这种自己夸自己的习惯，甚至当有人提出来表扬你的时候，你只回答了一句：“哪里，我其实做得还很不够。”

要命！这本来是一句客套话，但是如果你的上司或者你的同事不太了解中国文化的话，他会觉得很奇怪，你做得还不够，那就意味着其实你并没有尽全力，那你无论如何都不应该成为优秀员工。

国内许多出版物，在书籍的前言经常看到作者写这么一句：本书内容有错误在所难免，希望读者指正。这个态度如果以对中国文化的理解，被认为是一种谦虚；但是在西方文化里，别人可能就觉得你这是一种不负责任的态度——既然错误在所难免，为什么不把错误纠正好了再拿出来呢？同样，在职场上，你客气地说这件事情其实做得很一般，那人家就会觉得既然做得很一般，就说明你没有竭尽全力。不敢争、不敢抢，让许多中国籍的职场人士在外资企业吃了不少亏。

而亚裔外籍人士一有机会就直接向老板申请希望给他涨工资发奖金。每次年终调薪，他们都很善于抓住时机找上司谈、找 HR 聊，陈述自己应当得到升职的诸多理由。在他们看来，提出申请是他们的权利和愿望，给不给通过那是你的事情。当然，印度籍雇员非常难得的一点是，当他很认真地提出涨工资申请却得到否定回答的时候，并不会影响他的心情和后续的工作状态，而是继续该干什么就干什么，等过了两个月以后又锲而不舍地找到上司：“嗨，我上回提涨工资的事情，现在是不是可以考虑一下？”主管被一次次地提醒催促，大多时候也会给他涨一些钱。中国籍同事可能不屑于这般操作，但是人家的目的的确达到了。多年前我初入职场，供职于一家美国公司，美国人的思维方式就是在公司里努力争取个人利益，这跟为自己服务的公司去争取利益是一样的道理。我还记得有一次，我对自己提名去争取年度优秀员工评比这件事很是犹豫，一方面我是当年的销售冠军，所有的统计数据都摆在那里，但另一方面我觉得有点不好意思。于是，我找了我的主管，他是一位在职场工作了二十年的美国人，对方毫不犹豫地对我说：“如果你不能全力争取自己的利益，那么公司怎么可能相信你会全力为公司争取利益呢？”所以，从某种意义上来讲，这是我们和美国文化观念上的不同。我这一代人更是从小被反复教育：凡事少出头、注重内敛、埋头做事。可这恰恰跟美国人全力为自己争取一切机会的做派格格不入，他们觉得只要不违法，就应当争取个人利益的最大化。他们的州长和总统都得靠竞选获得，每个候选人都想方设法告诉所有人：我比别人都优秀。

其次，有一个很小的细节，也是基于文化习惯的不同，让许多国内员工在外企容易受到误解。中国人绝大多数都是比较谦逊的，在一对一的沟通场合，我们不太习惯于四目对视，很多人说话的时候眼睛是不会直接看着对方的。在我们的传统观念里，如果你面对上司或者向长者陈述，你不应该两只眼睛直瞪瞪地看着对方，那被认为不太礼貌。所以我时常看到年轻同事在面对面交谈时，习惯于说话的时候把头低下，或者眼睛转到另外一个角度。在你看来，觉得这是对上司或者领导的一种尊重。但如果对方是一个西方文化背景的人士，他反倒会认为你有什么掖着藏着的事不敢说出来，你此时的表现不诚实。为什么？因为你说话的时候都不敢正眼望着对方，说明心里肯定是有小九九的。这就是非常明显的文化习惯不同导致的误解。这么多年在职场里，我经历过很多次这样的场合，需要我试图说明和撮合让彼此消除误解。我向外国人解释中国文化的礼让传统，新娘过门入洞房前连脸都得遮住，不看着你说话恰恰显示人家尊重你，这与诚实无关。同时，我反复提醒国内同事：外国人没那么多讲究，你不如大胆盯着对方说话。这一点习惯值得许多年轻的职场人士特别留意。

说到外籍主管，不同的外企主管当然有不同的风格，印象积累在职场上是属于中国式思维。欧美人的思维方式则不同。在人家看来，你这次工作做得很漂亮，该给你奖励就奖励，该对你提拔就提拔，这事就算了结了。下一次如果你做得不好，那么该处罚就处罚，该开除就开除。所以，大家要记住外企生态圈的生存特点：在欧美企业做事，或者面对欧美主管的时候，不要期待对方以积累的形式和你相处，不管是正向积累还是反向积累，最好养成及时兑现的习惯，该要的待遇不要放过，同时也不要因为一次处罚而想不开。与欧美企业风格不同的是，日韩企业和其他亚洲地区的外企更在意下属对主管是否听话，以及是不是尊重他的权威。

既然有这些习俗和文化的不同，作为职场人，在外企工作该如何调整好自己？

第一，做好做坏，立竿见影。外企主管习惯于对员工该表扬表扬、该训斥训斥，不会过多讲究情面，过去做过多少突出成绩，在人家看来都已经结账了，不要搬到今天来替眼下的错误开脱。我们容易因此觉得很委屈。最好的调整方法是，明白这个生态圈的游戏规则，在没有积累的大环境下，当做出成绩时，该提要求提要求、该要奖赏要奖赏，同时不要指望人家念你的好。做错事的时候，要坦然面对被贬职或者被处罚。

第二，敢于说不。特别在欧美企业，若上司要求你帮他办事，或者你被要求从事本职工作以外的事情，你如果不愿意，完全可以直接拒绝。大多数人不敢对上司不合理的要求说不，这不是一件好事。很多时候，底线是自己坚持出来的。一味允诺上司做额外事项，反倒容易让人家觉得你的工作量根本不饱和。

第三，结果导向。外企通常都是两年到三年一级台阶，如果在一个时间段内工作成绩不能满足要求，再多的人际关系或者再好的人缘也很难成为你晋升的理由，甚至保不住饭碗。很多刚入外企的职场人士习惯于请客吃饭，过节给上司送礼物，等等。这些虽然并不被明文禁止，但绝大多数外企是没有这种习惯的。哪怕送礼物，更多的是度假或者出差回来，上司带小礼物给团队或者下属。

第四，言之有理。不论是讨论个人利益也好，还是争论事情的不同意见也罢，言之有理在绝大多数外企都能获得认同。我举一个亲身例子，20 世纪 90 年代末，我加入一家德国公司成为高管，那时候这家公司在国内有 2 000 名雇员，我应聘的这个职级在整个中国团队一共有六个人，除了我以外，还有一位新加坡人和四位德国人。在讨论入职工资的时候，对方询问我的期待值，我的回答让对方觉得很意外，因为那时候中国雇员的薪资远远低于同职级的德国雇员。我解释说："如果你把我和一位同职级的德国同事放到一个第三方国家，我们彼此能做的贡献大体相当，他能做的事我也都能做，我能干的活儿他也基本都会。但这是在国内，我能干的至少有三分之一是他做不了的，如果放到德国情况则恰恰相反。既然这样，公司在中国雇用一位合格的中国高管，就应当支付比同级德国高管略高的薪资。"对方听了觉得有道理，我也因此成为唯一一位在公司高管群体中薪资高于德国雇员的人。

作为个人，身在职场，要懂得适应环境，要懂得随时随地自我保护。同样的，任何在中国的外企，也需要花点心思多了解一下中国文化以及职场习俗。所谓的全球视野本地操作，正是如此。

前方到站：旅途终点站

5749
3490
42
KM

既然把一个人的职场生涯比喻为乘坐一趟长途列车，那么不论沿途风景再怎么优美、故事再如何动人、情节再蜿蜒曲折，终究还是有抵达终点、告别一路相随的旅伴、提上行囊下车的时候。

对我来说，2021 年是我计划中应该下车的年份，职场列车将带着更多新登车的旅客继续前行。而我，将要在标有 2021 的时光站台上，与这趟列车挥手告别。

这句话说得通俗一些，就是离开职场、准备退休。很多人在计划下车之前，都会做一些准备。例如，规划今后生活内容，安排个人财富，等等。而我在这些常规事项之外，特意了却了自己的一番心愿。

我来到位于市郊的一家 30 年前我曾经勤工俭学做过暑期工的工厂，以匿名的方式，为工厂捐购了 12 套西装。

时光回到 1992 年，那时我赴海外自费留学，我们那一代人留学的学费和生活费大多是要靠自己挣的。为了下一个学期的学费能有着落，我决定做一份全职的暑期工。经职业介绍所推荐，通过面试，我加入了当地一家高端意大利西服制造厂，成为一名制衣工人。

我几乎没有任何车衣制衣方面的技术基础。一入职，车间工头分配我学习最简单的一道工序：给西装上衣打纽扣的扣眼，这是一个半自动化的操作，我只需要把初步制造完成的上衣，按照已经标画好的粉笔线，在切割机上打上几个洞，然后交给下一道工序的工人，沿着打好的纽扣洞的四周，用机器编出扣眼。

这是一个低技术含量的工种：纽扣打洞的切口大小是固定的，打洞的位置已经提前标好，只需把衣服的相应部位放到机器上面的指定位置，用脚踩一下，随着机床的一下一上，纽扣洞眼随即完成……

管理我的工头很小心。除了教会我如何操作机器，他还特别叮嘱我注意安全，不能有任何异物进入机器；塞给我一堆布头，让我每天练习。就这么一个简单的动作，整整让我操练了四天，从周一到周四，每天我大约要对着眼前的这台机器，用工头发给我的布头打出几百个纽扣洞，再把打好的“作品”交给工头检查。我觉得他真是太过仔细、太多余了。“这点事情，是我 10 分钟就能学会而且做好的事。”我心里是这么嘀咕的。

好容易等到周五,一上班，工头对我说：你今天正式上岗，没问题吧?

“肯定没问题，放心吧，头儿。”我满口应允。

坐到自己的工位前，我拿起同事放在一侧的西装上衣，全神贯注地干起活儿来。

一个小时过去了。

我依旧低着头正认真地工作着，忽然间只听见脑袋上面有如惊雷式的，一句让我耳膜几乎被震裂的嚎叫声高分贝地响起：

“混蛋，你停住!”

话音未落，机器侧面的紧急电源开关被关闭。

我不知所以然地抬起头来，眼前是这位几天来一直很和善待我的工头，不同的是，此时此刻，他由于气愤及大声吼叫，整个脸都已经变形。

我一脸无辜，茫然地看着对方，几分钟以后才明白是怎么回事，顿时羞愧得恨不得有个地缝钻进去。

原来，我只顾专心致志地给上衣打洞，却没想到男士衣服的纽扣扣眼是要打在衣服左侧的，而由于我的疏忽，一律将洞眼打到了右侧，这一个小时下来，已经打好了 10 件。

做过裁缝或者车衣工的都知道，衣服扣眼基本上是接近收尾的最后一道工序，这就意味着，我一个小时毁掉了 10 件西装，每套的零售价格大约为 1 500 美元。

10 分钟后，在车间办公室，我被人力资源部门辞退。按照当地的法律规定，作为试用期员工，只需要提前一天通知，或者额外支付一天的工资。

我的车衣工生涯就此中止。

在这之后许多年我无数次想起这个场景，内心总是充满歉意和内疚。每当我觉得自己一件事情已经做得很完善的时候，就会用这个曾经的经历提醒自己：不能大意，差错往往就在疏忽中产生。

回到文前的叙述，我在30年后鼓足勇气，再次来到这家西装厂。工厂还在原址，里面的人员自然是一个都不认识了。我在它的展示室里细细转了几圈，注意到墙上有几幅照片，上面的文字介绍说，这家服装厂赞助着当地一所高中的男生乐团，相片里，一群帅气的小年轻身着黑色西装，各自握着不同乐器，浓烈的青春气息呼之欲出。我走到接待处，表示我想购买12件顶级的西服套装，以匿名的方式捐献给这个乐团的每位成员。对方很高兴地帮我办好了购买手续，问道：总得有个名目吧？

“来自一位1992年的求职者。”我说。

挫折与失败，恰恰是职场最醒脑的良药。